中国地质调查成果 CGS 2024－011
“混场源电磁法探测技术研究”项目
“阵列式轻便电磁方法应用试验”项目
“阵列激电测量系统完善与推广应用”项目
“大深度高分辨电磁测量技术与多功能电法仪研制”项目
“大深度多功能电磁探测技术与系统集成”项目
联合资助

相位激电法原理与应用

XIANGWEI JIDIANFA YUANLI YU YINGYONG

郭　鹏　林品荣　石福升
郑采君　徐宝利　李建华　等编著

图书在版编目(CIP)数据

相位激电法原理与应用/郭鹏等编著．—武汉：中国地质大学出版社，2024.9.—ISBN 978-7-5625-5982-5

Ⅰ．P631.3

中国国家版本馆 CIP 数据核字第 2024NV9247 号

相位激电法原理与应用

郭　鹏　林品荣　石福升　郑采君　徐宝利　李建华　**等编著**

责任编辑：唐然坤　　选题策划：唐然坤　　责任校对：张咏梅

出版发行：中国地质大学出版社（武汉市洪山区鲁磨路 388 号）　　邮编：430074

电　话：(027)67883511　　传　真：(027)67883580　　E-mail：cbb @ cug.edu.cn

经　销：全国新华书店　　http://cugp.cug.edu.cn

开本：787 毫米×1092 毫米　1/16　　字数：167 千字　　印张：6.5

版次：2024 年 9 月第 1 版　　印次：2024 年 9 月第 1 次印刷

印刷：武汉市籍缘印刷厂

ISBN 978-7-5625-5982-5　　定价：42.00 元

如有印装质量问题请与印刷厂联系调换

前言

PREFACE

在自然界中，物质一般情况下都呈现电中性，即正、负电荷保持平衡。但是，在一定的条件下，某些岩（矿）石在各种物理化学过程作用下正、负电荷会偏离平衡状态，可以形成面电荷和体电荷。岩（矿）石的这种现象称为极化。岩石极化分为两种类型，即自然极化和激发极化。自然极化是由不同地质体接触处的电荷自然产生的（表面极化），或由岩石的固相骨架与充满空隙空间的液相接触处的电荷自然产生的（两相介质的体极化）。岩（矿）石自然极化产生的面电荷和体电荷形成的电场称为自然电场。

在进行电阻率法测量时，人们常常发现在向地下供入稳定电流的情况下，仍可观测到测量电极间的电位差随时间而变化（一般是变大），并经相当时间（一般约几分钟）后趋于某一稳定的饱和值；在断开供电电流后，测量电极间的电位差在最初一瞬间很快下降，而后便随时间相对缓慢地下降，并在相当长时间后（通常约几分钟）衰减至接近于零。这种在充电和放电过程中产生且随时间缓慢变化的附加电场现象，称为激发极化效应（简称激电效应）。由人工极化产生的面电荷和体电荷形成的电场称为激发极化电场。激电效应是岩（矿）石及其所含水溶液在电流作用下所发生的复杂物理-电化学作用的结果。

激发极化法（简称激电法）是以不同岩（矿）石在人工电场作用下所发生的复杂物理-电化学作用（激电效应）差异为物质基础，通过观测和研究大地激电效应，来探查地下地质情况的一种电法勘探方法。直流电场或交流电场都可用于研究岩（矿）石的激电效应，因而激发极化法又分为直流（时间域）激发极化法和交流（频率域）激发极化法。直流激电法讨论的是在稳定电流（或直流脉冲）激发下的激电效应，其特点是表现出电场随时间的变化（充电和放电过程），故称为时间域中的激电效应。若将供电电源改为交变电源，并逐次改变所供交变电流的频率（但保持电流的幅值不变），便可根据测量电极间的交变电位差随频率的变化情况，观测频率域的激电效应。激电法目前在我国应用很广，地质效果引人注目，引起了人们的高度重视。

从20世纪50年代起，国外便开始了相位测量的研究工作。1972年，苏联制造了能进行绝对相位观测的仪器，但是该设备笨重，需要车载，精度也低；20世纪80年代以后，国外出现了多种含相位测量的多功能电法仪器，才使激电绝对相位测量真正的实用化。极化率测量中需测量二次场，二次场信号弱、信噪比低，而激电绝对相位测量中测量的是总场，它信号强、信噪比高、抗干扰能力强，得到了物探工作者的青睐，并在金属矿勘查中取得了良好的找矿效果。

相位激电测量对仪器同步精度和稳流及噪声指标要求高，国内前期在仪器研制方面属于空白。21世纪初，随着电子技术的进步和国家经济社会快速发展对隐伏矿产资源的巨大需求，急需自主研发具有相位激电测量功能的仪器。中国地质科学院地球物理地球化学勘查研究所在“十五”国土资源部重点科研项目“混场源电磁法探测技术研究”，中国地质调查局项目“阵列式轻便电磁方法应用试验”、“阵列激电测量系统完善与推广应用”、“大深度高分辨电磁测量技术与多功能电法仪研制”和“十一五”国家863重点项目“大深度多功能电磁探测技术与系统集成”等资助下，笔者团队在相位激电测量方法、仪器研制与试验应用等方面做了大量的工作，研制出可以进行绝对相位测量的多种仪器并将其实用化，包括阵列相位激电测量系统、大功率多功能电磁法系统等，提高了我国资源勘查的水平。

全书共7章，分别为：岩（矿）石激发极化特性、相位激电工作原理、相位激电仪器研制、相位激电电磁耦合校正、相位激电法野外施工、相位激电法应用实例、结论与展望。

限于笔者水平，书中不足之处在所难免，恳请广大读者不吝赐教。

笔　者

2024年6月于廊坊

目录
CONTENTS

第一章 岩(矿)石激发极化特征

激发极化法是以不同岩(矿)石在人工电场作用下所发生的复杂物理-电化学作用(激电效应)差异为物理基础的。在通常情况下,研究目标(或介质)与其周围介质的激电性差异愈大,在其周围空间产生的电(磁)场的变化愈明显,这就为利用相位激电法发现异常目标体提供了物理基础。

第一节 岩(矿)石激发极化机理

一、电子导体的激发极化机理

目前,国内外对电子导体(包括大多数金属矿和石墨及其矿化岩石)的激发极化机理问题意见比较一致,一般认为是电子导体与其周围溶液的界面上发生过电位(overvoltage)导致的结果(傅良魁,1984;柯马罗夫 B A,1983)。

单一电子导体浸沉于同种化学性质溶液中时,表面自然形成的双电层为一封闭系统,它不显示电性,也不形成外电场。在自然状态下,电子导体与溶液界面上自然形成的双电层电位差是导体与溶液接触时的电极电位,又称平衡电极电位,记为 $\Phi_{平}$,见图 1-1a。

当有电流流过上述电子导体-溶液系统时,在外加电场的作用下,电子导体内部的电荷将重新分布:自由电子逆着电流方向移向电流流入端,使那里的负电荷相对增多,形成相当于等效电解电池的"阴极";而在电流流出端呈现相对增多的正电荷,形成相当于等效电解电池的"阳极"。与此同时,溶液中的带电离子也在电场作用下发生相对运动,也分别于电子导体的"阴极""阳极"处形成阳离子和阴离子的堆积,使通电前的自然双电层发生变化:"阴极"处电子导体带负电,围岩带正电;"阳极"处电子导体带正电,围岩带负电,见图 1-1b。电子导体的"阴极"和"阳极"统称"电极"。在一定的外电流作用下,电极和溶液界面上的双电层电位差 Φ 相对平衡电极电位 $\Phi_{平}$ 的变化,在电化学中称为"过电位"或"超电压",记为 $\Delta\Phi$。

过电位的产生与电流流过电极-溶液界面相伴随的一系列电化学反应(简称电极过程)的迟缓性有关。当电流于"阴极"从溶液进入电子导体时,溶液中的载流子(阳离子)要从电子导体表面获得电子,以实现电荷的传递;同样,当电流于"阳极"从电子导体流入溶液时,溶液中的载流子(阴离子)将释放电子,电子导体获得电子。若此种电荷传递和相伴随的电化学反应的速度极快,则电子导体和溶液之间的电流可以"畅通无阻",便不会在界面两侧形成异性电荷的堆积，因而不会形成过电位。但实际上电极过程的进行速度有限，电子导体和溶液之间不是“畅通”的，故形成过电位。随着通电时间的延续，界面两侧堆积的异性电荷将逐渐增多，过电位随之增大；过电位的形成和增大将加速电极过程的进行，直到该过程的速度与外电流相适应，即流至界面的电流均能全部通过界面，且不再堆积新电荷时，过电位便趋于某一个饱和值，不再继续增大。这便是过电位的形成过程或充电过程。过电位的饱和值与流过界面的电流密度有关，并随其增大而增大。

当外加电流断开后，堆积在界面两侧的异性电荷将通过界面本身、电子导体内部和周围溶液放电，见图 1－1c，使界面上的电荷分布逐渐恢复到正常的均匀双电层状态；与此同时，过电位(超电压)亦随时间逐渐减小，直至最后消失。这就是过电位的放电过程。

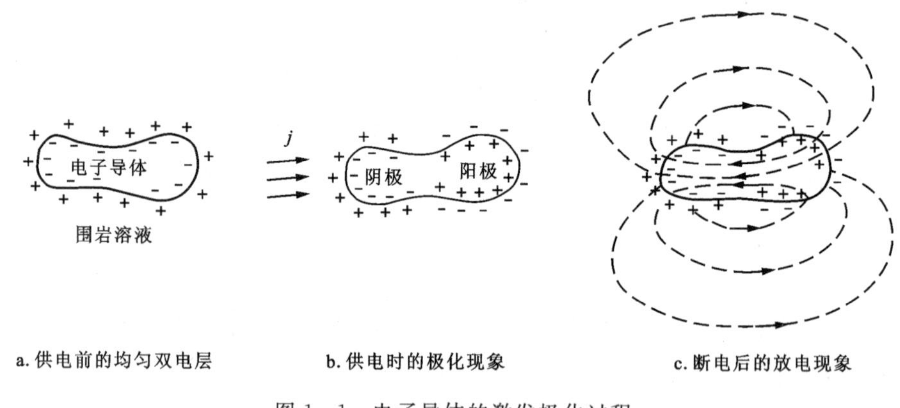

图 1－1　电子导体的激发极化过程

除过电位外，电子导体的激电效应还可能与界面上发生的其他物理-化学过程有关。通电时“阴极”和“阳极”处发生的氧化还原过程也是形成电子导体激发极化的因素之一。当电流流过电子导体与溶液的界面时，“阴极”和“阳极”上的电解产物附着其上，将会形成具有电阻和电容性质的薄膜。此外，电解产物还可能使“阴极”和“阳极”附近的溶液分别向还原和氧化溶液变化，因而形成类似于自然极化中的那种氧化-还原电场。对于化学性质活泼的硫化物金属矿来说，电极极化和氧化还原是不可分的同一过程，两种作用产生的超电压符号一致。对于化学性质十分稳定的石墨或碳质岩石，电极极化作用将是产生激发极化效应的主要原因。

二、离子导体的激发极化机理

大量野外和室内观测资料表明，不含电子导体的一般岩石也可能产生较明显的激电效应。一般造岩矿物为固体电解质，属离子导体。关于离子导体的激发极化机理，所提出的假说和争论均较电子导体的多，但大多认为岩石的激电效应与岩石颗粒和周围溶液界面上的双电层有关。主要的假说都是基于岩石颗粒-溶液界面上双电层的分散结构和分散区内存在可以沿界面移动的阳离子这一特点提出来的。其中，一个比较有代表性的假说是双电层形变假说(傅良魁,1984)。

在外电流作用下,岩石颗粒表面双电层(图 1-2a)分散区中的阳离子发生位移,形成双电层形变(图 1-2b)。双电层形变后电离子在颗粒外的分布情况与外电场强度有关,颗粒外电流侧面上总为正离子,而右端的面上则可能为正离子,也可能无离子或为负离子。当外电流断开后,堆积的离子放电以恢复到平衡状态(图 1-2c),从而可观测到激发极化电场。

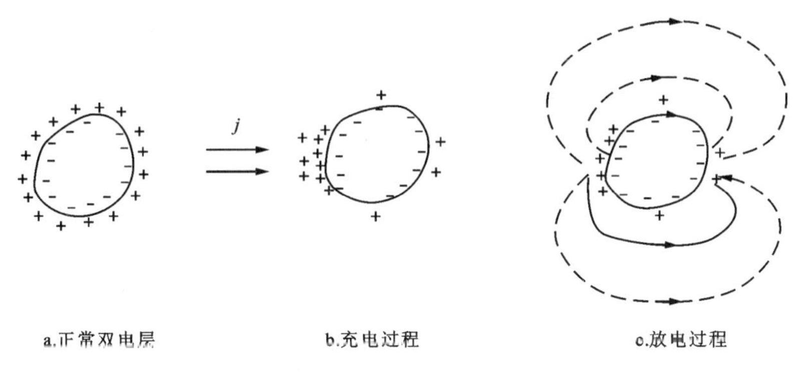

图 1-2　岩石颗粒表面双电层形变形成激发极化

双电层形变形成激发极化的速度和放电的快慢,取决于离子沿颗粒表面移动的速度和路径长短,因而较大的岩石颗粒将有较大的时间常数(即充电和放电较慢)。这是用激电法寻找地下含水层的物性基础之一。

第二节　稳定电流场中岩(矿)石的激发极化特性

在激电法的理论和实践中,为使问题简化,将岩(矿)石的激发极化分为理想的面极化和体极化两类。实践表明,在人工电场作用下,电子导体与离子导电溶液接触时,激发极化均发生在极化体与围岩溶液的接触界面上,故称为面极化。致密状结构的电子导电矿体产生的正是这样的极化效应,如致密的金属矿或石墨矿属于此类。就浸染状电子导电矿体或矿化岩石而言,其中每个电子导电颗粒都相当于一个小"电池",并且分布在岩石(或胶结物)中的所有小"电池"都通过围岩放电。因此,对于整个电子导电矿体或矿化岩石来说,发生极化效应的极化单元(指微小的金属矿物、石墨或岩石颗粒)整体分布于整个极化体内,故称为体极化。如浸染状金属矿石和矿化、石墨化岩石及离子导电岩石均属此类。虽然每个小颗粒与围岩(胶结物)的接触面很小,但是仍然可以产生明显的激发极化效应。所以,尽管浸染状矿体与围岩的电阻率差异很小,仍然可以产生明显的激发极化效应,这就是激发极化法能够成功地寻找浸染状矿体的基本原因。

应该指出,"面极化"和"体极化"的差别只具有相对意义。严格说来,所有激发极化都是面极化。因为从微观来看,体极化中每一个极化单元的激发极化也都是发生在颗粒与其周围溶液的界面上;从宏观来看,地下实际存在的极化体也不会是理想化的面极化体或体极化体，只是可能更接近某一种典型极化模式（傅良魁，1979，1984，1991）。然而，在实践中应用激电法又都是宏观地研究矿体、矿带或地层等大极化体的激电效应，故体极化的激发极化特性应用更为广泛。

一、面极化特性

为讨论致密金属矿和石墨的面极化特性，首先来看一些实验资料。如图 1－3 所示，在薄水槽中放置待测的致密矿石标本，其顶上露出水面。通过位于薄水槽两端的板状电极 A 和 B，向槽中供入稳定电流，以在其中形成均匀稳定电流场。矿石标本在外电流激发下，电流流入端成为阴极，产生阴极极化；电流流出端成为阳极，产生阳极极化。在矿石标本一端的边缘及其相邻近的水溶液中分别放置测量电极 M 和 N，用毫伏计测量外电流场激发作用下标本与溶液界面上产生的过电位 $\Delta\Phi$。

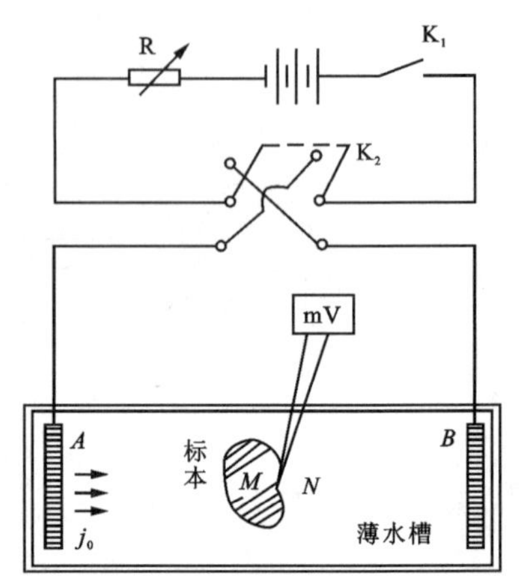

图 1－3　面极化特性的测量装置简图

图 1－4 给出了石墨和黄铜矿标本在不同外电流密度 j_0 的激发下，阳极过电位 $\Delta\Phi_+$（实线）和阴极过电位 $\Delta\Phi_-$（虚线）随充电时间 T 和放电时间 t 的变化曲线。图中的过电位是用外电流密度 j_0 作了归一化的值 $\Delta\Phi/j_0$。

1. 时间特性

图 1－4 表明，石墨和黄铜矿过电位充电、放电曲线的总趋势是相同的：刚开始充电时，过电位随时间很快地增大，随着充电时间的延长，其增大的速度逐渐变慢，最后趋于某一饱和值；放电曲线与充电曲线呈倒像相似，在断电后，最初过电位随时间很快下降，随着放电时间延长，过电位衰减的速度也逐渐变慢，直到最后慢慢衰减到零。对比图中不同电流密度 j_0 的充电、放电曲线可看到，外电场的电流密度 j_0 越大，过电位充电达到饱和值的时间越短。对于野外工作通常采用的小电流密度（$j_0<1\mu A/cm^2$），充电、放电 2min，甚至 5min 尚不能达到饱和值或使放电至零。这表明面极化的充电、放电过程均较慢。

2. 非线性

从图 1－4 还可以看到，当激发电流密度 j_0 较大时（对石墨，$j_0\geqslant40\mu A/cm^2$；对黄铜矿，$j_0\geqslant5\mu A/cm^2$），不同电流密度的归一化过电位充电、放电曲线互不相重，并且阴极和阳极过电位曲线也彼此分开。这表明在大电流密度激发下，过电位与电流密度不成正比，即为非线性关系，而且阴极、阳极极化互不相同。对石墨而言，当 j_0 从小变大时，开始出现阳极过电位大于阴极过电位（简称阳极优势）；而当 j_0 继续增大或当 j_0 相当大而延长充电时间时，便逐渐变为均势，并进而变成阴极过电位大于阳极过电位（即阴极优势）。黄铜矿的情况则不

同,当 j_0 从小变大时,阴极、阳极过电位的关系总是阴极优势,而且阴极、阳极过电位之差较石墨的大得多,黄铜矿的 $\left|\frac{\Delta\Phi_-}{\Delta\Phi_+}\right|_{max}\approx2.5$,而石墨的 $\left|\frac{\Delta\Phi_-}{\Delta\Phi_+}\right|_{max}\approx1.35$。

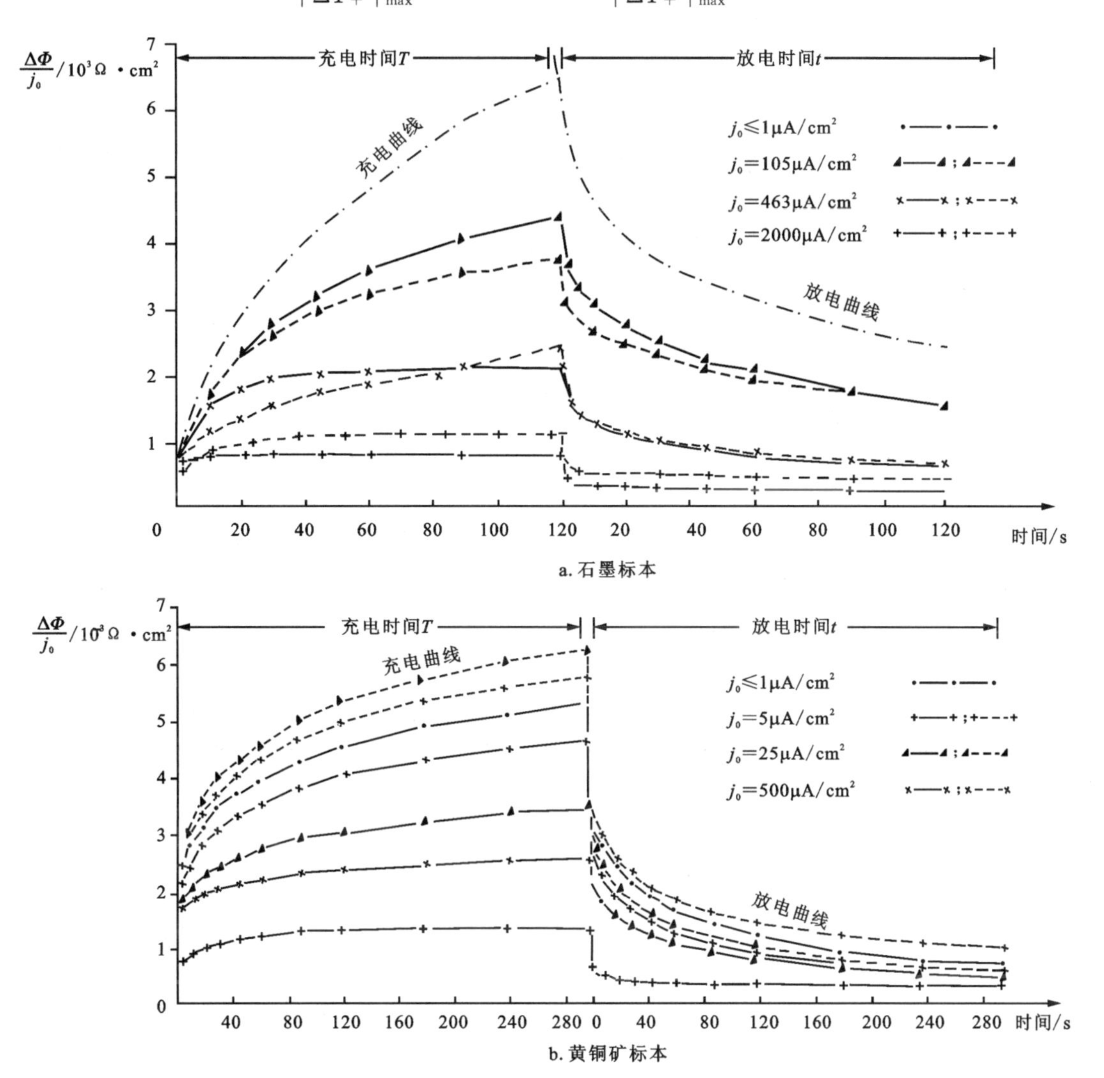

图 1-4 致密矿石标本阳极和阴极过电位的充电、放电曲线

对其他致密金属矿石标本所做的实验观测表明,磁铁矿和磁黄铁矿的非线性特征与石墨的相似,而方铅矿、闪锌矿和黄铁矿等硫化金属矿物的非线性特征与黄铜矿的相同。这从物性上提供了利用非线性观测区分这两类矿物激电异常的可能性。

实验资料还表明,在电法勘探通常采用小电流密度($j_0<1\mu A/cm^2$)的条件下,归一化过电位 $\Delta\Phi/j_0$ 不随电流密度大小变化,即过电位与电流成线性关系。对于一定的充电、放电时间(T,t),过电位 $\Delta\Phi$ 与垂直面极化体表面的电流密度法向分量 j_n 有如下正比关系:

$$\Delta\Phi=-k\cdot j_n \tag{1-1}$$

这里负号表示过电位增高的方向与电流方向相反。系数 k 为单位电流密度激发下形成的过电位值，是表征面极化特性的参数，称为面极化系数。从电学观点看，k 可理解为激电效应在电子导体-溶液界面上形成的面阻抗，单位为 $\Omega \cdot m^2$ [$1\Omega \cdot m^2 = 10mV/(\mu A/cm^2)$]。$k$ 与充电、放电时间和电子导体、周围溶液的性质有关。在不同条件下获得的各种电子导电矿物的实测数据表明，当长时间充电($T \geqslant 60s$)和短延时($t \leqslant 1s$)观测时，k 的数量为 $n \times 10^{-1} \sim n \times 10\Omega \cdot m^2$。表 1-1 列出了在同样溶液和充电、放电时间条件下对不同金属矿物测得的 k，这些金属矿物的激发极化性质由强变弱的顺序是：石墨→黄铜矿→磁铁矿→黄铁矿→方铅矿→磁黄铁矿。

表 1-1　几种矿物在 0.05mol/L Na_2SO_4 溶液中的面极化系数 k 值　　单位：$\Omega \cdot m^2$

矿物	石墨	黄铜矿	磁铁矿	黄铁矿	方铅矿	磁黄铁矿
k	14.1	10.0	9.9	7.5	2.5	0.4

注：$pH=7$，$j_0=1\mu A/cm^2$，$T=60s$，$t=0.5s$。

表 1-2 列出了当溶液浓度由小变大(电阻率 $\rho_{溶液}$ 相应变小)时，铜的面极化系数的变化情况。它表明 k 大致与溶液电阻率 $\rho_{溶液}$ 成正比例减小。

表 1-2　当改变溶液浓度时铜的面极化效应与溶液电阻率($\rho_{溶液}$)的关系

$\rho_{溶液}/(\Omega \cdot m)$	$\Delta\Phi/mV$ ($j_n=5\mu A/cm^2$)	$k/(\Omega \cdot m^2)$	E_n/Vm^{-1}	λ/m
21.0	940	18.80	1.05	0.90
11.0	515	10.30	0.55	0.94
5.8	348	6.96	0.29	1.20
3.7	240	4.80	0.185	1.30
2.4	131	2.62	0.120	1.09

若引入系数 λ，

$$\lambda = \frac{k}{\rho_{溶液}} = -\frac{\Delta\Phi}{E_n} \tag{1-2}$$

则 λ 基本上不随溶液浓度变化，约为 1m。可以将式(1-2)式改成与式(1-1)相似的形式，即

$$\Delta\Phi = -\lambda \cdot E_n \tag{1-3}$$

由此可知，过电位与界面溶液一侧的电场强度法向分量($E_n = j_n \cdot \rho_{溶液}$)成正比，$\lambda$ 为其比例系数。它等于单位外电场激发下的过电位值，故也可作为表征面极化特性的参数，有时也称 λ 为面极化系数，单位为 m。

二、体极化特性

体极化是分布于整个极化体中的许多微小极化单元的极化效应的总和，故不能像研究面极化那样，用测量极化单元界面上的过电位来表征它的激电效应。为了考察体极化介质的激电效应，可以利用图1-5a所示的测量装置。将待测的体极化标本置于盛有水溶液的长方形小盆中，标本与盆底和盆边之间用石蜡或橡皮泥绝缘，将标本两侧的水溶液分隔开；在小盆两端各放一块小铜板 A 和 B 作为供电电极，通过供电电极 A 和 B 向盆内供入稳定电流；在标本两侧水溶液中紧靠标本处放置不极化电极 M 和 N，用毫伏计观测其间的电位差。

图1-5b是用这种装置对一块黄铁矿化岩石标本测得的电位差随时间的变化曲线。电位差会随时间发生变化，表现为：激发极化产生的电位差 $\Delta U_2(T)$（简称二次场电位差）在供电后的充电过程中从零开始逐渐变大，在断电后的放电过程二次场电位差 $\Delta U_2(t)$ 逐渐衰减到零。在开始供电时无激电效应，电流通过标本由于电阻电压降所形成的电位差为一次场电位差 ΔU_1，在稳定电流条件下，ΔU_1 不随时间而变。标本被激发极化后，供电时间 T 时观测到的电极 M 和 N 电位差 $\Delta U(T)$ 为 ΔU_1 和 $\Delta U_2(T)$ 之和，称之为总场电位差，它随供电时间 T 而变化，并有关系

$$\Delta U(T)=\Delta U_1+\Delta U_2(T) \tag{1-4}$$

由于刚供电时（$T=0$），二次电位差为零，即 $\Delta U_2(0)=0$，故由式(1-4)有

$$\Delta U(0)=\Delta U_1 \tag{1-5}$$

因而

$$\Delta U_2(T)=\Delta U(T)-\Delta U(0) \tag{1-6}$$

图1-5b中的虚线②便是按式(1-6)换算出的 $\Delta U_2(T)$ 充电曲线。

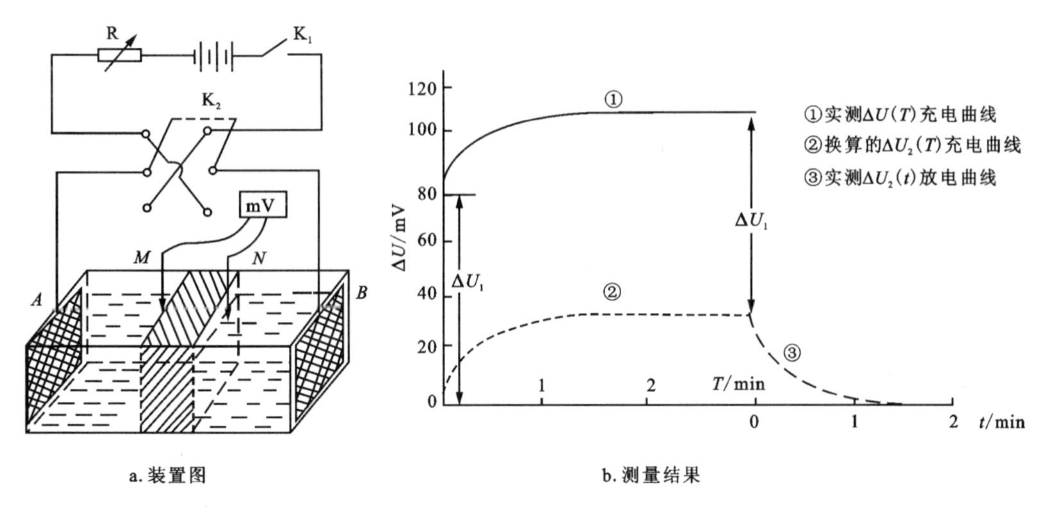

图1-5 测量体极化标本激电性质的装置(a)和一块黄铁矿化岩石标本测量结果(b)

对比图1-4和图1-5可以看出，体极化的充电、放电速度比面极化的快得多，这是体极化与面极化的一个重要不同之处。

三、直流激电法测量视参数

1.极化率

对星散浸染状矿石或矿化、石墨化岩石标本的实验观测结果表明，在相当大范围内改变供电电流 I（测量电极处电流密度高达 $100\mu A/cm^2$）时，在观测误差范围内（<10%）二次电位差 ΔU_2 与供电电流 I 成正比，且其比值与供电方向无关，即 ΔU_2 与供电方向无关。因此，在地面电法通常采用的电流密度范围内，星散浸染状矿石或矿化、石墨化岩石的激发极化（体极化）实际上是线性的，没有明显的非线性和正极、负极极化的差异，这是体极化和面极化的又一重要区别（注：视极化率是指用观测仪器测得的极化率，而极化率是指理论极化率或反演所得的极化率）。

在二次电位差 ΔU_2 与供电电流 I 成线性关系的条件下，引入表征体极化岩（矿）石的激电性质参数——极化率 η，其值按下式计算：

$$\eta(T,t)=\frac{\Delta U_2(T,t)}{\Delta U(T)}\times 100\% \tag{1-7}$$

式中：$\Delta U_2(T,t)$ 是供电时间为 T 和断电后 t 时刻测得的二次电位差。极化率是用百分数表示的无量纲参数。由于 $\Delta U_2(T,t)$ 和 $\Delta U(T)$ 均与供电电流 I 成正比（线性关系），故极化率是与电流无关的常数，但极化率与供电时间 T 和测量延迟时间 t 有关。因此，当提到极化率时，必须指出其对应的供电和测量时间 T 和 t。

为简单起见，如不加说明，一般便将极化率 η 定义为长时间供电（$T\to\infty$）和无延时（$t\to 0$）的极限极化率。考虑到刚断电一瞬间（$t\to 0$）的二次电位差等于断电前一瞬间（T）的二次电位差，即

$$\Delta U_2(T,t)\big|_{t\to 0}=\Delta U_2(T)=U(T)-\Delta U(0) \tag{1-8}$$

则无延时（$t\to 0$）极化率为

$$\eta(T,t)=\eta(T,t)\big|_{t\to 0}=\frac{\Delta U_2(T,t)\big|_{t\to 0}}{\Delta U(T)}=\frac{\Delta U(T)-\Delta U(0)}{\Delta U(T)} \tag{1-9}$$

则对于长时间充电（$T\to\infty$）且无延时（$t\to 0$）情况的极限极化率为

$$\eta=\eta(T,t)\Bigg|_{\substack{T\to\infty\\ t\to 0}}=\frac{\Delta U(\infty)-\Delta U(0)}{\Delta U(\infty)} \tag{1-10}$$

此外，还可定义所谓“初始极化率”为

$$\eta^0(T,t)=\frac{\Delta U_2(T,t)}{\Delta U_1} \tag{1-11}$$

当延时 $t\to 0$ 时，

$$\eta^0(T,0)=\frac{\Delta U(T)-\Delta U(0)}{\Delta U(0)} \tag{1-12}$$

对于长时间充电情况($T\to\infty$)则有

$$\eta^{0}=\eta^{0}(T,t)\bigg|_{\substack{T\to\infty\\t\to0}}=\frac{\Delta U(\infty)-\Delta U(0)}{\Delta U(0)} \tag{1-13}$$

对比式(1-12)和式(1-13),可得两种极化率之间的关系式

$$\eta(T,0)=\frac{\eta^{0}(T,0)}{1+\eta^{0}(T,0)} \quad 或 \quad \eta^{0}(T,0)=\frac{\eta(T,0)}{1-\eta(T,0)} \tag{1-14}$$

2. 极化率影响因素

地下体极化岩(矿)石的极化率除了与观测时的充电、放电时间(T,t)有关外,还与岩(矿)石的成分、含量、结构及含水性等多种因素有关。我国物探工作者对大量矿化岩(矿)石标本进行了系统观测,研究了多种因素对岩(矿)石极化率的影响规律。研究结果表明,在上述诸多因素中,影响岩(矿)石极化率的主要因素是电子导电矿物的含量及岩(矿)石的结构和构造。

在其他条件相同时,岩(矿)石的极化率随电子导电矿物的体积百分含量 ξ_V 之增高而变大,并大致服从以下实验统计公式:

$$\eta=\frac{\beta\xi_V^m}{1+\beta\xi_V^m} \tag{1-15}$$

在同类岩(矿)石中,β 和 m 为常数;但在不同结构、构造的岩(矿)石之间,β 和 m 的变化范围很大(β 可从 $n\times10^{-1}$ 变到 $n\times10^{2}$,m 的变化范围为 0.3~3.6)。因此,在评价激电异常时,必须充分考虑异常地段岩(矿)石的结构、构造;否则,若笼统地取 β 和 m 的平均值(如取 $\beta=2.6$ 和 $m=1$),并利用式(1-15)由极化率来反算电子导体(金属矿物)含量 ξ_V 时,可能会导致推断解释产生严重错误。

岩(矿)石结构、构造对极化率的影响,主要表现在以下 3 个方面。

(1)电子导电矿物的颗粒度:在电子导电矿物含量保持不变的条件下,导电矿物颗粒越小,极化率越大。这是因为激电效应是一种面极化作用,而导电矿物颗粒越小,极化单元表面积的总量便越大,因而激电效应越强。

(2)电子导电矿物的形状和排列方向:当导电矿物颗粒有一定延伸方向并呈定向排列时,则沿导电矿物颗粒延伸方向的极化率大于其余方向的极化率,即为非各向同性。对于定向排列的细脉状、网脉状或片理、层理结构发育的岩(矿)石,不同方向的极化率可以相差几倍,甚至更大。

(3)岩(矿)石的致密程度:在其他条件相同时,极化率一般是随岩(矿)石致密程度增高而变大,只有极少数非常致密的岩(矿)石例外。

3. 矿化岩石的激发极化性质

不含电子导体的无矿化岩石的激发极化性质在很多方面与浸染状矿化岩石相似。不含电子导电矿物的无矿化岩石属纯离子导体,在外电流激发下的激发极化都发生在细小岩石颗粒与周围溶液的界面上,也属于体极化,但是其极化率通常很小,不同点如下。

(1)无矿化岩石的极化率通常很低,一般为1%~2%,少数可达3%~4%。为了建立数量概念,表1-3列出了某些无矿化岩石、矿化岩石和矿石的极化率。

(2)岩石的充电和放电速度较矿化岩石更快。其中,矿物颗粒细小(如由黏土矿物组成)的岩石,充电、放电速度尤其快;而颗粒较粗(如砂或砂砾组成)的岩石,充电、放电速度则较慢。岩石激电效应的上述时间特性,对评价激电异常和利用激电法找水均有实际意义。

大量实测资料表明,地下体极化岩(矿)石的极化率主要取决于其中所含电子导电矿物的体积百分含量 ξ_V 及其结构。一般说来,含量 ξ_V 越大,导电矿物颗粒越细小,矿化岩(矿)石越致密,极化率就越大。激电效应随岩(矿)石中电子导电矿物含量增高而增强的物性,是电法成功应用于金属矿普查找矿的物理-化学基础。

表1-3　常见无矿化岩石、矿化岩石和矿石极化率

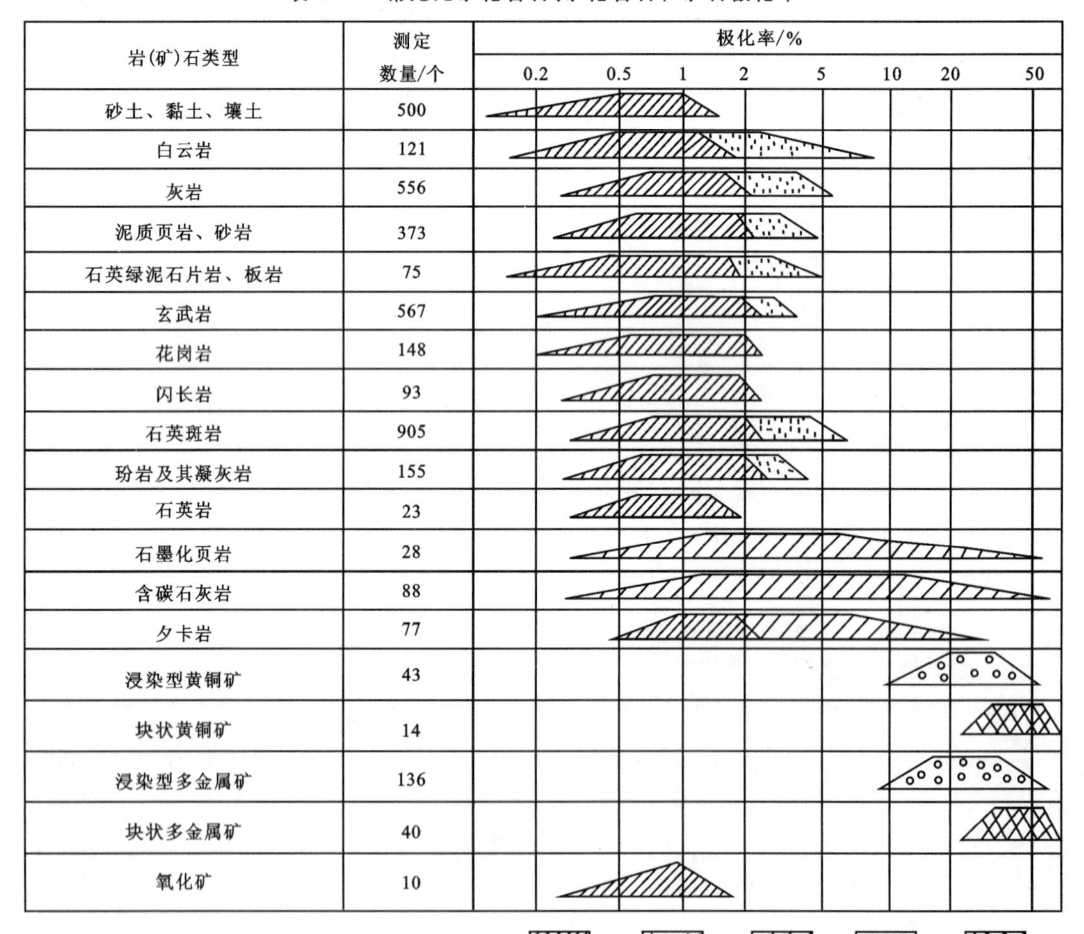

注1.明显不含浸染状电子导体矿物的岩石;2.含浸染状硫化矿物的岩石;3.石墨化岩石;4.浸染状硫化矿;5.块状硫化矿。表中梯形下底边基线端点为极化率的极小值和极大值,梯形上顶基角位置是不同文献的极化率平均值。

第三节 交变电流场中岩(矿)石的激发极化特性

一、交变电流场中岩(矿)石的激发极化现象

前面讨论了在稳定电流(或直流脉冲)激发下的激电效应,其特点表现为电场随时间的变化(充电和放电过程),故亦称它为时间域中的激电效应。激电效应也可在交变电流激发下电场随频率变化(频率特性)时观测到,此时称为频率域中的激电效应(傅良魁,1991;罗延钟和张桂青,1988)。

为了认识交变电流激发下的激电效应,考察下述实验,具体为:在图 1-3 所示的装置中,将直流电源改为超低频信号发生器,向水中供以超低频交变电流 I;在供电时,用交流毫伏计测量 M、N 间的交流电位差 $\Delta\tilde{U}(f)$。当保持交变电流的幅值 $\tilde{I}$ 不变,而逐渐改变频率 f 时,便可根据测量电极间交变电位差 $\Delta\tilde{U}(f)$ 随频率 f 的变化,观测到频率域的激电效应。这种在超低频段上(f 的范围在 $n\times10^{-2}\sim n\times10^{2}$ Hz 之间)电场随频率变化的现象,与介电极化和电磁耦合效应无关,而是岩(矿)石激发极化的结果。

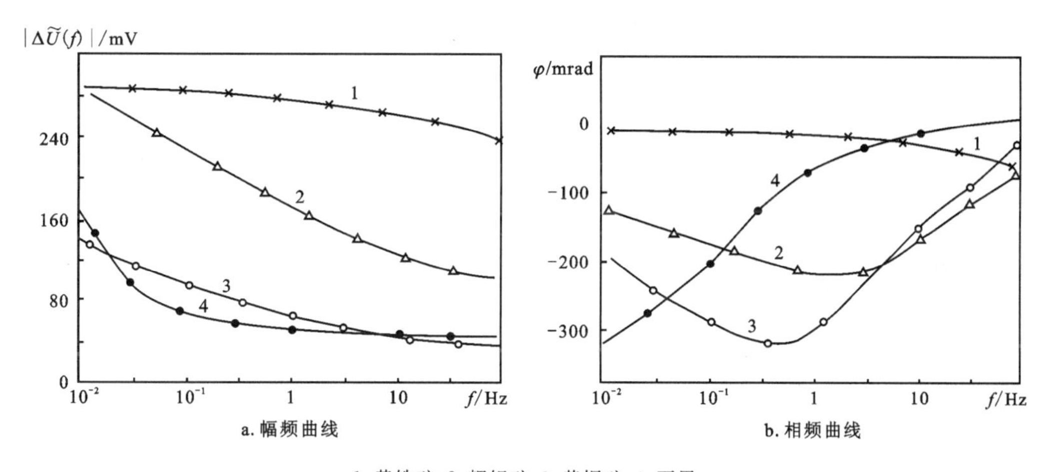

1. 黄铁矿;2. 辉钼矿;3. 黄铜矿;4. 石墨

图 1-6 不同矿石标本上测得的频率特性曲线

图 1-6 给出了在超低频段上不同矿石标本的实测频率特性曲线(亦称频谱曲线)。其中,图 1-6a 为总场电位差幅值 $|\Delta\tilde{U}(f)|$ 随频率 f 的变化曲线(幅频特性),其与前节所述的时间特性有很好的对应关系,即:在频率域中,随着供电电流频率 f 从高到低,相应的单向供电持续时间 $T\left(\text{即半周期}\frac{1}{2f}\right)$ 从零增大,激电效应逐渐增强,总场电位差幅值 $|\Delta\tilde{U}(f)|$ 随之变大;而当 $f\to0$ 时,$T=\frac{1}{2f}\to\infty$,激电效应最强,因而 $|\Delta\tilde{U}(f)|$ 趋于饱和值。

对于极限情况，时间域和频率域总场电位差之间有下列关系：

$$\left.\begin{aligned}|\Delta \widetilde{U}(f)|_{f\to\infty}=\Delta U(T)|_{T\to 0}\\|\Delta \widetilde{U}(f)|_{f\to 0}=\Delta U(T)|_{T\to\infty}\end{aligned}\right\}\tag{1-16}$$

图 1－6b 为总场电位差 $\Delta\widetilde{U}(f)$ 相对于供电电流 $\widetilde{I}$ 的相位移 φ 随频率变化的相频特性曲线（相频曲线），其特点是在各个频率 f 上，φ 皆为负值（电位差的相位落后于供电电流），这表明激电效应引起的阻抗具有容抗性质。当频率很低或很高时，φ 趋于零；在某个中等频率上，相位 φ 取得极值。这是因为频率很高时，激电效应趋于零，总场就等于一次场，故无相位移（频率域的激电效应发生在频率很低的超低频段上，故此不考虑电磁效应）。频率很低时，需要相当于长时间单向供电激发极化达到饱和的情况，这时二次场虽然最大，但其与电流"同步"，故总场相位移也为零。

从图 1－6 可看出，虽然各种岩（矿）石的幅频曲线和相频曲线的基本形态都是一样的，但不同的岩（矿）石具有不同的频率特征。在时间域中，充电、放电较快的岩（矿）石在频率域中便具有高频特征，即在比较高的频率上总场幅值快速衰减，并取得相位极值；反之，在时间域中，充电、放电较慢的岩（矿）石在频率域中则具有低频特征，即在较低的频率上总场幅值的迅速衰减并取得相位极值。

频率域的实验观测结果证明，在电法勘探野外工作中通常所能达到的电流密度条件下，$\Delta\widetilde{U}$ 与 $\widetilde{I}$ 呈线性关系。因此，将总场电位差 $\Delta\widetilde{U}$ 对电流 $\widetilde{I}$ 和装置作归一化，可计算出与电流大小无关的交流电阻率。

$$\widetilde{\rho}=K\cdot\frac{\Delta\widetilde{U}}{\widetilde{I}}\tag{1-17}$$

式中：K 为装置系数。

存在激电效应时，$\Delta\widetilde{U}$ 随频率 f 而变化，且一般 $\Delta\widetilde{U}$ 和 $\widetilde{I}$ 之间有相位移 φ，所以 ρ 是频率 f（或角频率 $\omega=2\pi f$）的复变函数，故常称交流电阻率 ρ 为复电阻率，记为 $\rho(i\omega)$（$i\omega$ 为正弦波的角频率，复数）。显然，复电阻率的频谱与前述（电流幅值保持不变情况下）$\Delta\widetilde{U}$ 的频谱具有相同的特征，复电阻率 ρ 随频率的变化是交流电位差 $\Delta\widetilde{U}$ 随频率变化的结果，这正是激电效应的"频率特性"。

二、幅频和相频特性的关系

在复变函数理论中，若复变函数 $\rho(s)$ 在复平面 S 的右半平面范围内是解析的、有限的，并且无零值点，则称其为最小相移函数。其中，最小相移函数 $\rho(i\omega)$ 的实分量 $\mathrm{Re}\rho(\omega)$ 和虚分量 $\mathrm{Im}\rho(\omega)$ 满足希尔特变换。

$$\left.\begin{aligned}\mathrm{Im}\rho(\omega_0)&=-\frac{1}{\pi}\int_0^{\infty}\frac{\mathrm{dRe}\rho(\omega)}{\mathrm{d}\omega}\ln\left|\frac{\omega-\omega_0}{\omega+\omega_0}\right|\mathrm{d}\omega\\\mathrm{Re}\rho(\omega_0)&=\frac{1}{\pi\omega_0}\int_0^{\infty}\frac{\mathrm{d}[\omega\cdot\mathrm{Im}\rho(\omega)]}{\mathrm{d}\omega}\ln\left|\frac{\omega-\omega_0}{\omega+\omega_0}\right|\mathrm{d}\omega+\mathrm{Re}\rho(\omega)|_{\omega\to\infty}\end{aligned}\right\}\tag{1-18}$$

经过某些变换后，还可得出最小相移函数 $\rho(i\omega)$ 的振幅 $A(\omega)$ 和相位 $\varphi(\omega)$ 之间的关系为

$$\left.\begin{aligned}\varphi(\omega_0) &= -\frac{1}{\pi}\int_0^\infty \frac{\mathrm{d}[\ln A(\omega)]}{\mathrm{d}\omega}\cdot\ln\left|\frac{\omega-\omega_0}{\omega+\omega_0}\right|\mathrm{d}\omega \\ A(\omega_0) &= \frac{1}{\pi\omega_0}\int_0^\infty \frac{\mathrm{d}[\omega\cdot\varphi(\omega)]}{\mathrm{d}\omega}\ln\left|\frac{\omega-\omega_0}{\omega+\omega_0}\right|\mathrm{d}\omega+\ln A(\omega)\big|_{\omega\to\infty}\end{aligned}\right\} \tag{1-19}$$

实验资料表明，岩(矿)石的复电阻率 $\rho(i\omega)$ 都近似满足最小相移条件，所以复电阻率实分量和虚分量频谱及幅频特性和相频特性之间，都存在相互联系，是可以互相换算的。从式(1－18)和式(1－19)可看到，某一频率 ω_0 上的虚分量 $\mathrm{Im}\rho(\omega_0)$ 或相位 $\varphi(\omega_0)$，与实分量 $\mathrm{Re}\rho(\omega)$ 或幅值对数 $\ln A(\omega)$ 对频率 ω 的一阶导数成正比；当然，不只是与该频率(ω_0)上实分量或幅值对数的导数有关，而是与全频段上的导数有关。不过，不同频率上的导数影响的程度不同，它取决于权函数 $\ln\left|\frac{\omega-\omega_0}{\omega+\omega_0}\right|$。此权函数在 $\omega=\omega_0$ 附近是十分尖锐的曲线，这说明起主要影响的仍是给定频率 ω_0 上的导数值。实际上，由式(1－18)和式(1－19)经过某些变换，可导出如下近似关系式：

$$\left\{\begin{aligned}&\mathrm{Im}\rho(\omega_0)\approx\frac{\pi}{2}\frac{\mathrm{dRe}\rho(\omega)}{\mathrm{d}(\ln\omega)}\Big|_{\omega\to\omega_0} \\ &\varphi(\omega_0)\approx\frac{\pi}{2}\frac{\mathrm{d}[\ln A(\omega)]}{\mathrm{d}(\ln\omega)}\Big|_{\omega\to\omega_0}\end{aligned}\right. \tag{1-20}$$

实分量和虚分量频谱及幅频特性和相频特性之间的可换算性质从理论上表明，没有必要同时观测各个分量的频谱，而且似乎观测任何一个分量的频谱都一样。不过，各分量频谱反映激电特征参数的能力或分辨力并不一样，而且从技术上看，其观测技术的难易程度也不相同。因此，根据地质任务和实际条件选择观测适当的分量仍是值得研究的课题。

三、频率特性和时间特性的关系

不仅各分量($\mathrm{Re}\rho$、$\mathrm{Im}\rho$、A 和 φ)的频率特性之间可以互相转换，而且频率特性和时间特性之间也有一定的关系，可以互相换算。

为更好地研究时间特性，仿照频率域的做法，将时间域总场电位差的充电过程 $\Delta U(T)$ 对供电电流 I 和装置作归一化，计算电阻率。

$$\rho(T)=K\cdot\frac{\Delta U(T)}{I} \tag{1-21}$$

在电法勘探实践中，大地的导电和激电效应通常可足够近似地看成是线性和“时不变”的。在此条件下，借助于拉氏变换和反变换可将时间域阶跃电流激发下的时间特性 $\rho(T)$ 和频率域谐变电流激发下的频率特性 $\rho(i\omega)$ 联系起来。

$$\left.\begin{aligned}\rho(s) &= s\int_0^\infty \rho(T)\mathrm{e}^{-sT}\,\mathrm{d}T \\ \rho(T) &= \frac{1}{2\pi i}\int_0^\infty \frac{\rho(s)}{s}\mathrm{e}^{sT}\,\mathrm{d}s\end{aligned}\right\} \tag{1-22}$$

式中：复数 s 取为 $i\omega$；$\rho(s)=\rho(i\omega)$ 就是复电阻率频谱。

利用式(1-22)便可实现时间特性 $\rho(T)$ 和频率特性 $\rho(s)$ 的相互换算。所以,频率域激电测量和时间域激电测量在本质上是一致的,在数学意义上是等效的,差异主要在技术上。

四、频谱激电法测量视参数

1.复电阻率

既然交变电流场中的激电效应以总场电位差或复电阻率的频率特性为标志,那么在激电效应出现的整个(超低频)频段上的复电阻率频谱应是最全面描写频率域激电效应的参数。由 Carlson 等(1983)提出的复电阻率法或频谱激电法,便是通过在相当宽的、超低频频段上观测复电阻率的实分量和虚分量或振幅和相位的频谱,以研究地下地质情况。这种方法的优点是能提供比较丰富的激电信息,但欲获得完整的频谱则需要在许多频率上进行观测,所以生产效率很低,不适合普查找矿。

2.频散率

交变电流场中的激电效应以总场(或交流电阻率)的频率特性为标志,并且与稳定电流场中激电效应的时间特性有对应关系,因此可仿照直流激电特性参数——极化率的表示式,定义下列参数以描述交流激电特性。

$$P(f_D,f_G)=\frac{|\Delta\widetilde{U}(f_D)|-|\Delta\widetilde{U}(f_G)|}{|\Delta\widetilde{U}(f_G)|}\times 100\% \tag{1-23}$$

式中:$|\Delta\widetilde{U}(f_D)|$ 和 $|\Delta\widetilde{U}(f_G)|$ 分别表示在两个频率(低频 f_D 和高频 f_G)时测得的总场电位差幅值。参数 $P(f_D,f_G)$ 为电场幅值在该两频率间的相对变化,称为频散率,用以表示频率域激电效应的强弱。频散率也可以百分数表示,故西方国家称其为“百分频率效应”(PFE)。

在极限情况,低频 $f_D\to 0$ 和高频 $f_G\to\infty$,根据式(1-23)和式(1-16),可得极限频散率

$$P=\frac{|\Delta\widetilde{U}(f)|_{f\to 0}-|\Delta\widetilde{U}(f)|_{f\to\infty}}{|\Delta\widetilde{U}(f)|_{f\to\infty}}\times 100\% \tag{1-24}$$

即

$$P=\frac{|\Delta U(T)|_{T\to\infty}-|\Delta U(T)|_{T\to 0}}{|\Delta U(T)|_{T\to 0}}\times 100\% \tag{1-25}$$

考虑到式(1-14),并且通常极化率只是很小的百分数,故有

$$P=\eta_0\approx\eta \tag{1-26}$$

由此可得知,(极限)频散率和(极限)极化率相等。对于非极限的频率制式和时间制式,频散率 $P(f_D,f_G)$ 和极化率 $\eta(T,t)$ 一般不相同,但它们与(极限)频散率和极化率仍保持正相关关系,即若某种因素或条件使前者增大或减小,则后者也相应增大或减小。所以,极限或非极限的频散率和极化率具有相同的性质,都可用(极限)极化率作为代表。频散率的观测只需在两个频率上作测量,它比全频谱的测量简单和高效得多。在激电法发展初期,Wait

(1959)便建立了基于在超低频段的两个适当频率上观测总场电位差的幅值而获取视频散率 $P_s(f_D, f_G)$,以研究地下地质情况的"变频激电法"。这一频率域激电法变种与时间域激电法一样,一直是最常使用的方法。

3. 相位

前已述及,激电效应导致总场电位差相对供电电流发生相位移,这个相位移也就是复电阻率的相位 φ。在其他条件相同时,激电效应越强,相位 φ 的绝对值越大。所以,相位 φ 也可作为描写激电效应强弱的参数。在实际上,激电效应引起的相位 φ 与幅频曲线的斜率或电场幅值随频率的变化近似为正比关系;而根据式(1-23),频散率 $P(f_D, f_G)$ 也与幅频特性曲线在频率 f_D 和 f_G 间的平均斜率成正比。所以,某个频率 f 的相位 φ 与其附近前、后两个频率的频散率 $P(f_D, f_G)$ 近似成正比,即相位 φ 和 $P(f_D, f_G)$ 一样,都与(极限)极化率 η 为正相关关系,并可用后者来代表它们。

从原则上讲,相位测量可以只在一个频率上进行,这就比频散率测量更简便和有利。不过,制作高精度的野外相位测量仪器比较困难,所以基于相位测量的频率域激电法——相位激电法发展比较晚,而且至今不如时间域激电法和变频激电法应用得普遍。

第二章 相位激电工作原理

第一节 相位激电基本原理

一、相位激电法简介

相位激电法是一种频率域激电法，它利用不同排列的电极装置，在超低频段上（$n\times10^{2}\sim n\times10^{-2}$ Hz）向地下供交流电，激发矿体产生交变异常场。它可直接测量电场电压与供电电流之间的绝对相位差（图 2－1）。实际上，这是一种低频的单频复电阻率法，其观测接收电极间的电位差 $\Delta\widetilde{U}$ 和对应于供电电流 $\widetilde{I}$ 的相位移 φ，利用电位差的振幅计算视电阻率，视电阻率和实测相位是相位激电法的基本解释参数。复电阻率法测量岩矿石在某一频率范围内多个频率的电阻率和相位，即幅频特性和相频特性；而相位激电法只测量一个或几个特定频率的电阻率和相位。视复电阻率定义为

$$\rho_s(i\omega)=K\frac{\Delta\widetilde{U}}{\widetilde{I}}) \tag{2-1}$$

式中：装置系数 K 是实常数；复电阻率 $\rho_s(i\omega)$ 是一复数，其观测的幅值是复电阻率的振幅，观测的相位移是视复电阻率的相位角。视复电阻率的相位角主要反映激电效应，而视复电阻率的振幅主要反映介质的电导效应。激电效应引起的相位移属于“纯异常”，对于一定的频率，激电效应越强，相位移的绝对值越大；反之，激电效应越弱，相位移的绝对值越小。因此，在适当的频率上进行视复电阻率振幅和相位观测，就能反映观测范围内的电阻率和激电变化。

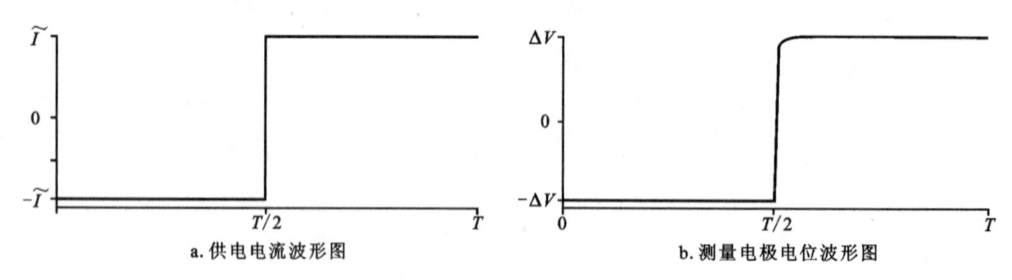

图 2－1 相位测量波形图

二、相位激电参数测量

相位激电法工作时，由发射机向地下发送周期性的方波，其电流波形如图 2－2 所示，它是以时间 T 为周期的正负方波。

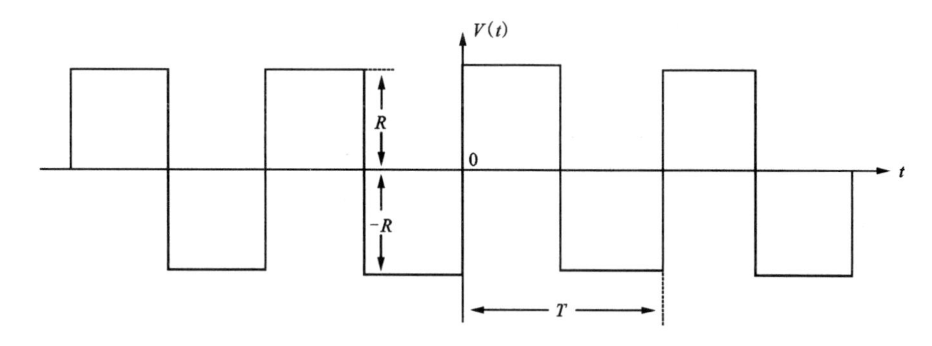

图 2-2 相位激电电流波形图

正负方波可表示为

$$V(t)=\begin{cases} R & 0<t<\dfrac{T}{2} \\ -R & -\dfrac{T}{2}<t<0 \end{cases} \tag{2-2}$$

该正负方波的傅里叶级数为

$$V(t)=\frac{4}{\pi}R\left[\sin\omega t+\frac{1}{3}\sin 3\omega t+\frac{1}{5}\sin 5\omega t+\cdots+\frac{1}{n}\sin n\omega t\right] \quad n=1,3,5\cdots \tag{2-3}$$

式中:R 为方波的振幅,并且该方波只含有奇次谐波,谐波幅值随着谐波次数的增高而减小,各次谐波的初始相位角均为零。

发射机发送的电流信号流经大地后在接收电极上形成电压信号,大地本身是个线性的非时变系统。当周期性信号通过大地时,信号的频率不会改变,只是振幅和相位发生变化。将正弦和余弦参考信号与基波信号$\frac{4}{\pi}R\sin(\omega t+\theta)$相乘,进行相关性检测,得到

$$\begin{cases} A=\dfrac{4}{\pi}R\displaystyle\int_{-\frac{T}{2}}^{\frac{T}{2}}\sin(\omega t+\theta)\cdot\sin\omega_0 t\,\mathrm{d}t \\ B=\dfrac{4}{\pi}R\displaystyle\int_{-\frac{T}{2}}^{\frac{T}{2}}\sin(\omega t+\theta)\cdot\cos\omega_0 t\,\mathrm{d}t \end{cases} \tag{2-4}$$

当 $\omega=\omega_0$ 时,即参考信号与发送信号频率相同,可计算出只包含有基波频率信号的实分量和虚分量

$$\begin{cases} A=\dfrac{4}{\pi}R\cdot\cos\theta \\ B=\dfrac{4}{\pi}R\cdot\sin\theta \end{cases} \tag{2-5}$$

计算得到

$$R=\sqrt{A^2+B^2};\theta=\arctan\left(\frac{B}{A}\right)$$

式中:θ 为接收机测得的基频初始相位;R 为基频振幅,可用来计算视电阻率。

在式(2-4)中,当 $\omega=3\omega_0$ 时,则计算出3次谐波信号的实分量和虚分量,进而计算出3次谐波的相位与振幅。同理,也可以计算出5、7、9等奇次谐波的相位与振幅,从而实现单频发射,获得多频观测数据。相位激电法可计算谐波相位与振幅的特点,为后续相位激电电磁耦合校正提供了理论基础。

第二节　相位与极化率的关系

一、数值模拟激电相位与极化率的变化规律

极化率是物探工作者最熟悉的激电表征参数之一,在矿产勘查、水资源调查等领域应用广泛。极化率和相位都是表征激电效应的参数,两者之间是否存在相关性需要进一步探讨,有利于加深对相位参数本质的认识。在分析有关极化率和激电相位的资料时发现,目前国内外在研究频谱激电的时候,通常引用了柯尔-柯尔(Cole-Cole)模型,其表达式如下

$$\rho(i\omega)=\rho_0\left\{1-m\left[1-\frac{1}{1+(i\omega\tau)^c}\right]\right\} \tag{2-6}$$

式中:ρ_0 为频率为零时的电阻率;m 为极限极化率;c 为频率相关系数;τ 为时间常数。柯尔-柯尔模型描述了激电效应引起的复电阻率随频率的变化。根据式(2-6)即可计算出用柯尔-柯尔模型表达式表示的复电阻率的虚分量、实分量、振幅、相位频谱。

从柯尔-柯尔模型得到的相位表达式为

$$\varphi(\omega)=\arctan\frac{-m(\omega\tau)^c\sin\frac{\pi c}{2}}{1+(2-m)(\omega\tau)^c\cos\frac{\pi c}{2}+(1-m)(\omega\tau)^{2c}} \tag{2-7}$$

式(2-7)同时包含了相位和极限极化率参数,但其关系不是简单的对应关系,相位是一个包含极化率、时间常数、频率和频率相关系数的综合参数,故很难根据式(2-7)简单地定义相位和极限极化率的相互关系。为此考虑使用数值模拟的方法,通过绘制极限极化率与相位关系图,来分析极限极化率和相位的关系。数值模拟中分别考虑了不同频率相关系数、时间常数和不同频率下的相位随极化率的变化情况,并在不同坐标系下进行绘图,如图2-3至图2-5所示。

从图2-3至图2-5中可以看到,在算术坐标下,极限极化率在0~100%范围内,在不同的 c、τ 和 f 时,相位都随极限极化率的增大而增大;在极化率较小时(≤10%),相位和极限极化率在算术坐标下呈现出近似线性变化的关系,只是由于 c、τ 和 f 的差异,该曲线存在不同的斜率(郭鹏等,2014)。由此得出,在极化率较小时,相位与极化率近似满足如下关系式

$$\varphi\approx k\cdot m+b \tag{2-8}$$

式中:k 为曲线的斜率,其大小与频率、时间常数和频率相关系数有关;b 为线段在 y 轴上的截距。

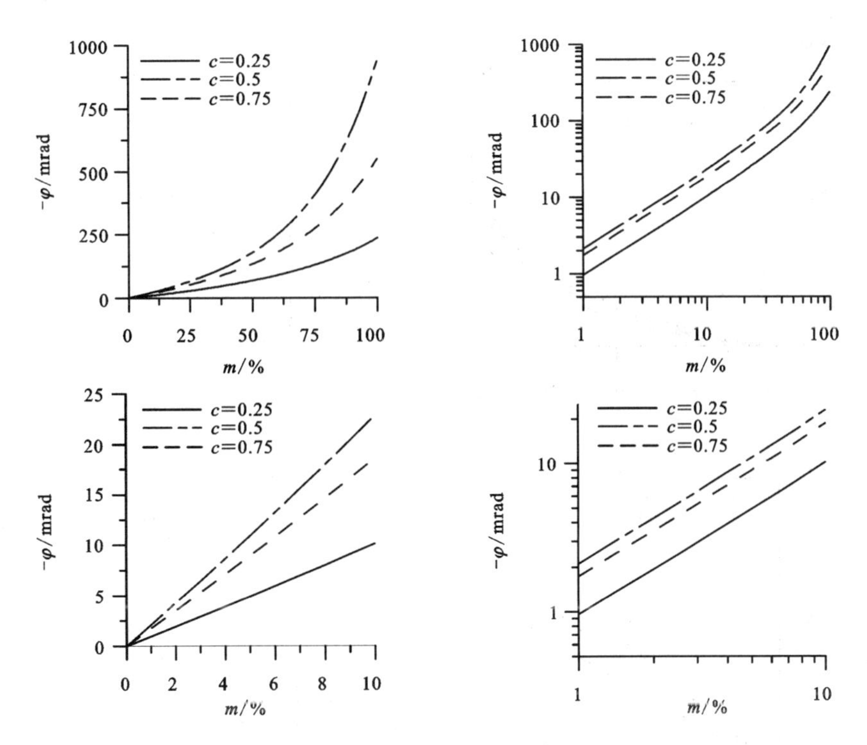

图 2-3 不同 c 值不同坐标系相位随极限极化率变化图(f=8Hz,τ=0.1s)

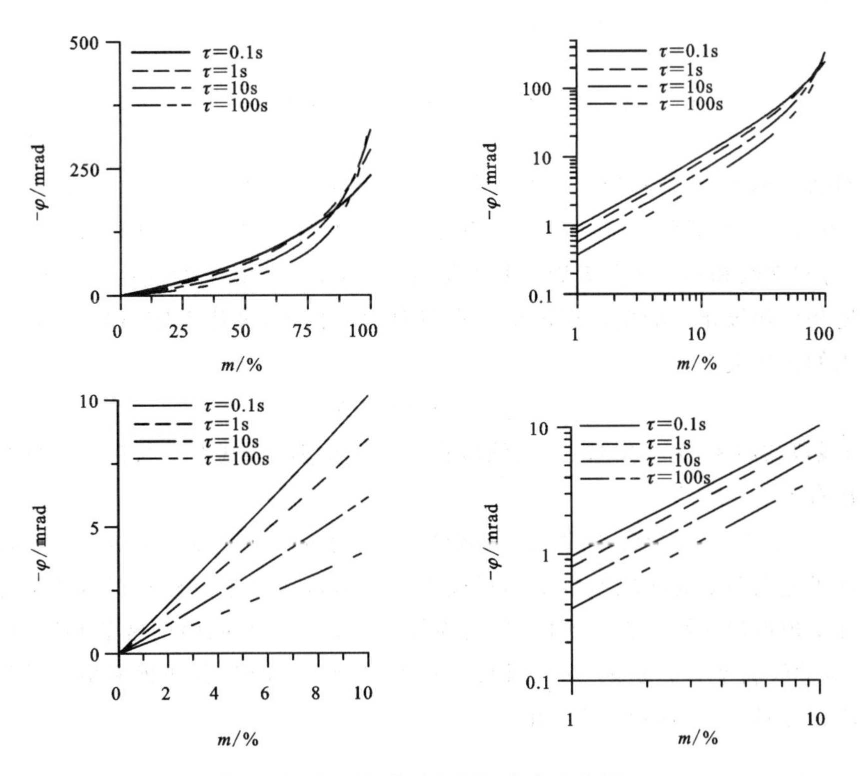

图 2-4 不同 τ 值不同坐标系相位随极限极化率变化图(f=8Hz,c=0.25)

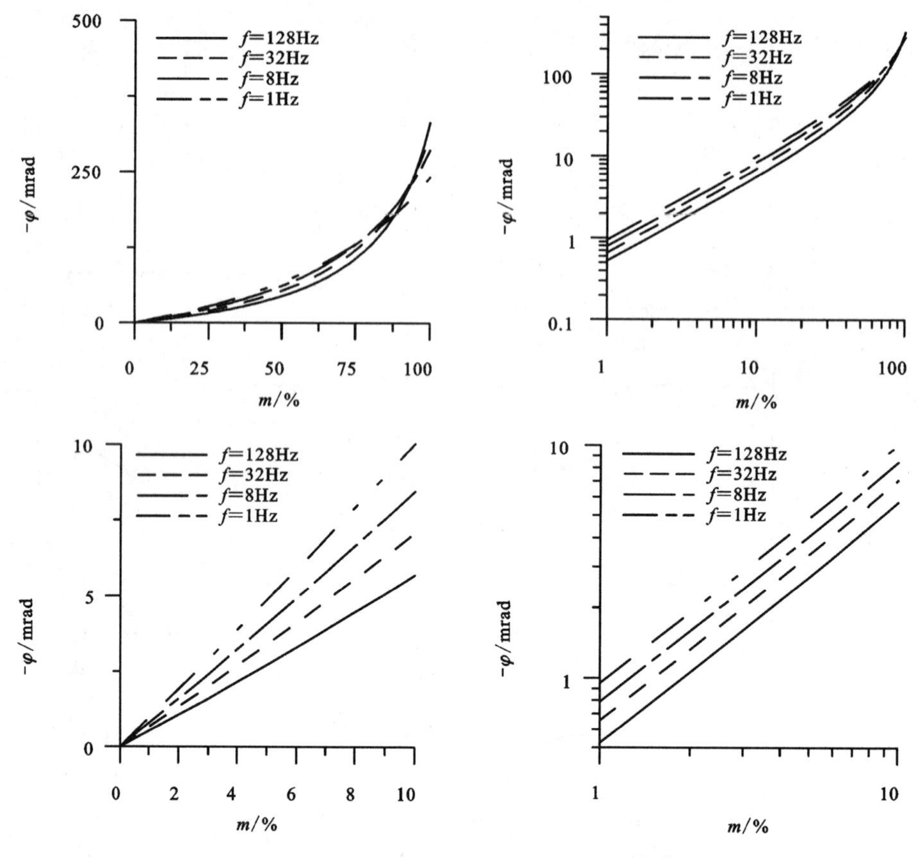

图 2-5　不同 f 值不同坐标系相位随极限极化率变化图($\tau=1\mathrm{s}, c=0.25$)

在双对数坐标下,相位随极化率的增大而单调增加,极化率在 0～100%范围内呈现非线性变化,在极化率较小时(≤10%)相位与极化率呈现出近似线性变化的规律。曲线斜率在不同频率、时间常数和频率相关系数下基本保持不变,而在 y 轴上的截距 b 存在差异。

从上述相位随极化率的变化规律给出在双对数坐标下,极化率较小时(≤10%)相位随极化率变化的近似关系式为

$$\lg\varphi \approx k_1 \cdot \lg m + b_1 \tag{2-9}$$

式中:k_1 为线段的斜率,为一常数;b_1 为线段在 y 轴上的截距,其大小与频率、时间常数和频率相关系数有关。

由图 2-3 至图 2-5 结合式(2-8)与式(2-9)分析可得,在极化率≤10%的情况下(这种情况包括了绝大多数时间域激电实测视极化率数值),在算术坐标和双对数坐标下,相位与极化率都呈现近似线性关系。不同点是:在算术坐标下,频率、时间常数和频率相关系数的变化,影响曲线斜率 k 的变化;在双对数坐标下,频率、时间常数和频率相关系数的变化,则影响线段在 y 轴上的截距 b_1 的变化。

二、实测激电相位随视极化率的变化规律

在得到算术坐标和双对数坐标系下相位与极化率的式(2-8)与式(2-9)后，为探究哪一个关系式更贴近实际情况，在内蒙古某矿区进行了野外同装置、同测点的相位激电和时间域激电数据采集工作，将野外采集数据进行了算术坐标系和双对数坐标系下的对比。

工作中分别采集了中梯装置和偶极-偶极装置下的时间域视极化率和频率域激电相位数据。时间域激电选用的供电周期为16s，供电电流为7A，数据采集断电延时时间为100ms，数据的采样宽度为160ms。相位激电观测频率为0.25Hz，供电电流为5A。中梯装置供电极距为1500m，接收极距40m；偶极-偶极装置 $AB=MN=80$m，点距40m，隔离系数 $n=3\sim8$。

中梯装置下，将采集的65个测点的相位激电和时间域激电数据绘制成图如图2-6所示。从图中可见，算术坐标系下数据点的分布较双对数坐标系下的离散度要小。算术坐标系下的数据更接近于线性关系。

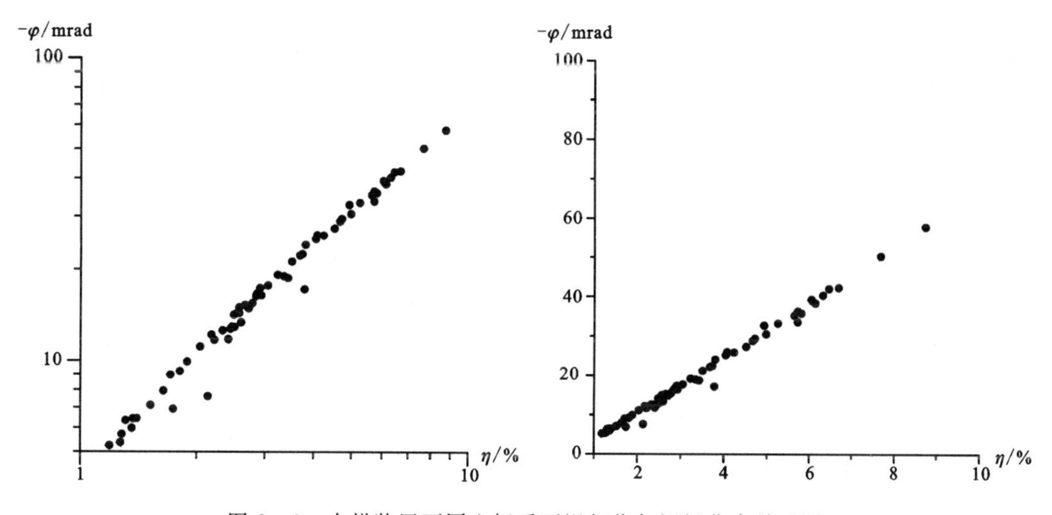

图2-6 中梯装置不同坐标系下视相位与视极化率关系图

偶极-偶极装置下，将采集的513个测点的实测相位和视极化率数据绘制成图，如图2-7所示。从图中可见，算术坐标系下极化率数据点分布较双对数坐标系下的离散度要小得多。从数据点总体分布来看，算术坐标系下的数据点分布更接近于线性关系。

从野外实测数据分析发现，激电相位和视极化率在算术坐标系下更接近于线性关系，因此式(2-8)更接近于实测相位和极化率的分布规律(郭鹏等，2014)。

根据式(2-8)，采用直线拟合这些数据点，确定 k 和 b，如图2-8所示。计算的中梯装置下 k 为6.86，b 为-3.18，激电相位与视极化率相互转换关系式如下

$$\begin{cases}\varphi=6.86\cdot\eta-3.18\\ \eta=(\varphi+3.18)\div6.86\end{cases}\qquad(2-10)$$

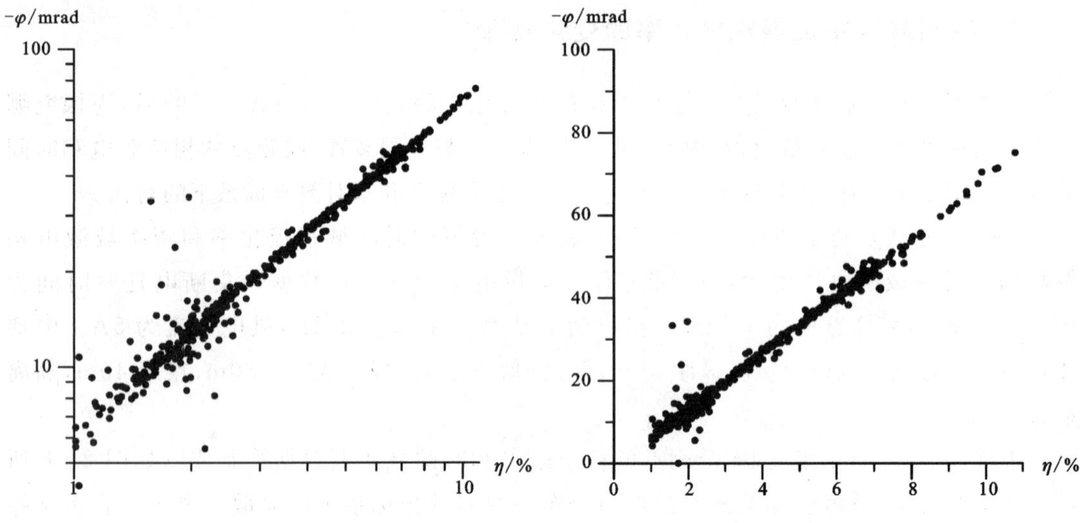

图 2-7　偶极-偶极装置不同坐标系下相位与视极化率关系图

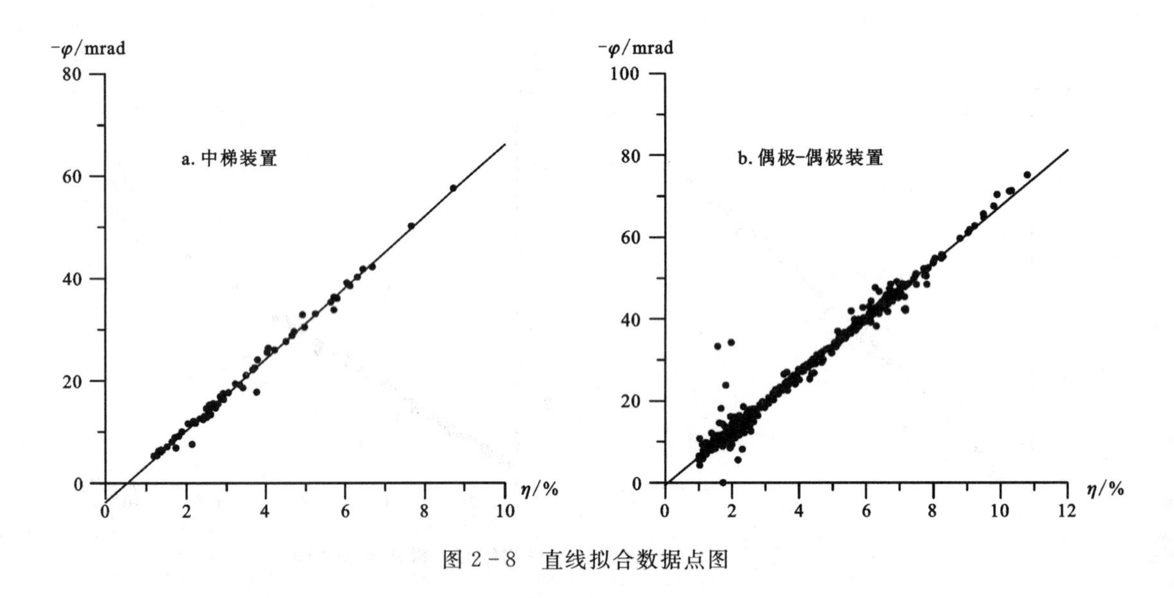

图 2-8　直线拟合数据点图

偶极-偶极装置下 k 为 6.84，b 为 -0.75，激电相位与视极化率相互转换关系式如下

$$\begin{cases}\varphi=6.84\cdot\eta-0.75\\ \eta=(\varphi+0.75)\div 6.84\end{cases}\tag{2-11}$$

三、验证关系式

在各个参数确定后，进行了视极化率和激电相位的相互转换对比，验证转换公式的适用性。图 2-9、图 2-10 分别为该矿区中梯装置观测的激电相位和视极化率相互转换对比图。从图中可见，由视极化率转换的激电相位与实测激电相位数值大小非常相近，曲线

形态完全一致；由激电相位转换的视极化率，与实测视极化率的数值和曲线形态同样具有良好的一致性。

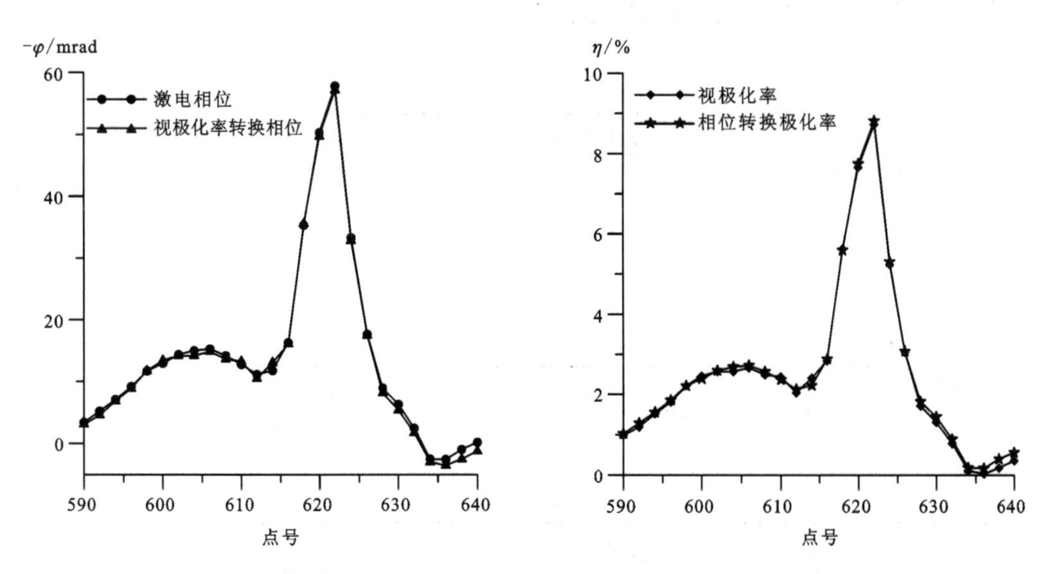

图 2-9　内蒙古某矿区 122 号勘探线激电相位与视极化率相互转换对比图

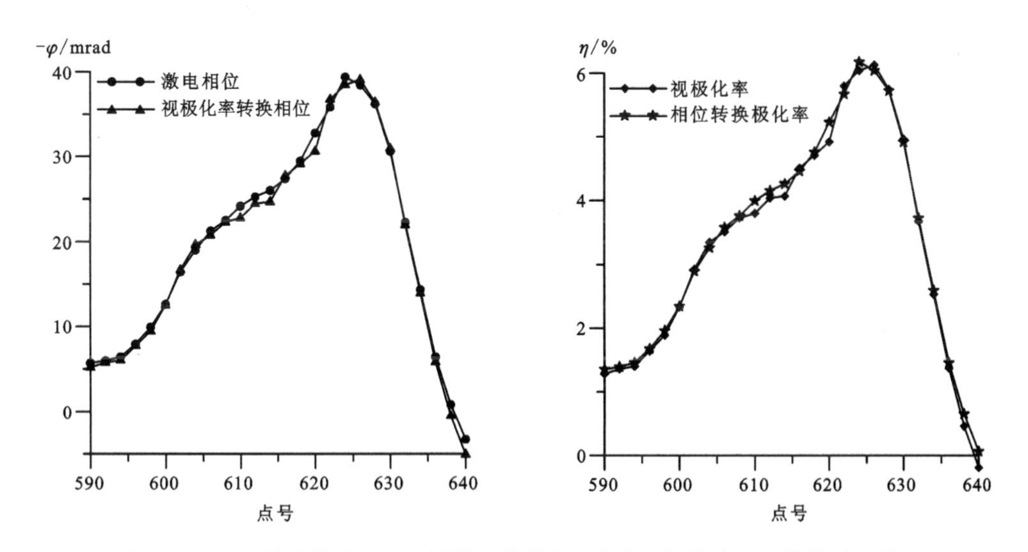

图 2-10　内蒙古某矿区 126 号勘探线激电相位与视极化率相互转换对比图

图 2-11 和图 2-12 是该矿区 122 号勘探线偶极-偶极装置下，绘制的视极化率和激电相位相互转换断面对比图。如图所示，视极化率和激电相位相互转换绘制的断面图，与实测视极化率和激电相位断面图异常形态、异常位置相同，实测数值与转换数值大小接近，具有很好的一致性。这证明极化率与相位两个参数之间确实存在相关性，对于同一个异常体相位参数数值要明显大于极化率数值，这为我们识别一些弱极化异常提供了先决条件（郭鹏等，2014）。

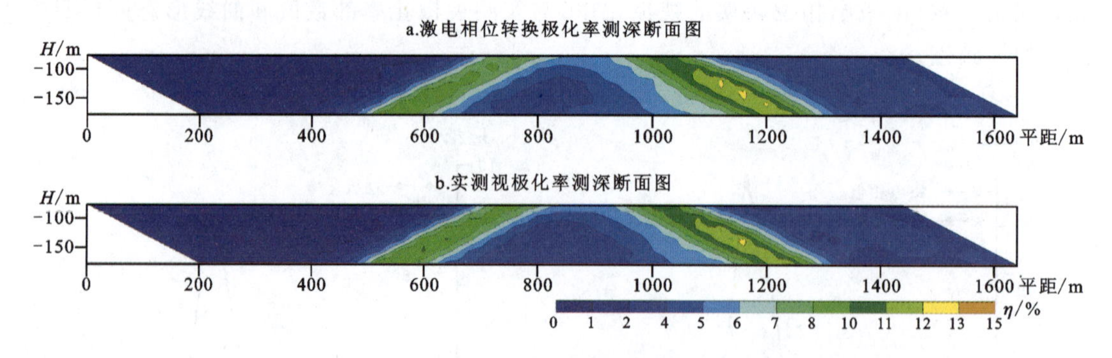

图 2-11　内蒙古某矿区 122 号勘探线激电相位转换视极化率测深断面对比图

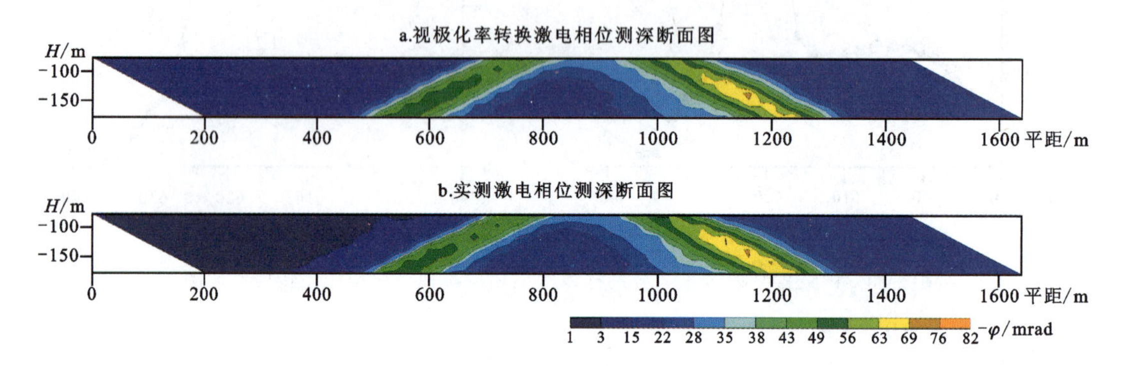

图 2-12　内蒙古某矿区 122 号勘探线视极化率转换激电相位测深断面对比图

第三节　相位激电正反演模拟

一、2.5D 相位激电数值模拟

单频点测量的相位激电法是复电阻率法的具体应用之一，采用交流电电源向地下供入交变电流，在地面测量复电位，通过装置系数计算出视电阻率和视相位。在工作中，最常见的测量装置是偶极-偶极装置，本书主要研究偶极-偶极装置的相位激电数值模拟方法。

1. 边值问题

3D 场源其边界示意图如图 2-13 所示。图中 Z 为构造方向，将 3D 点源场 U 进行傅里叶变换，则在波数域中 2.5D 复电位满足的边值问题条件为

$$\begin{cases} \nabla \cdot [\sigma(\omega)\nabla u(\omega)] - k^2\sigma(\omega)u(\omega) = -I(\omega)\delta(A) \\ \dfrac{\partial u(\omega)}{\partial n} = 0 & \in \Gamma_s \\ \dfrac{\partial u(\omega)}{\partial n} + k\dfrac{K_1(kr)}{K_0(kr)}\cos(r,n)u(\omega) = 0 & \in \Gamma_\infty \end{cases} \tag{2-12}$$

式中：$I(\omega)$为点电源电流；$\delta(A)$为位于A点的狄拉克函数；$u(\omega)$为复电位；$\sigma(\omega)$为复电导率；k为波数；K_0、K_1分别为第二类0阶和1阶贝塞尔函数；Γ_s为空地分界面；Γ_∞为无穷远边界。

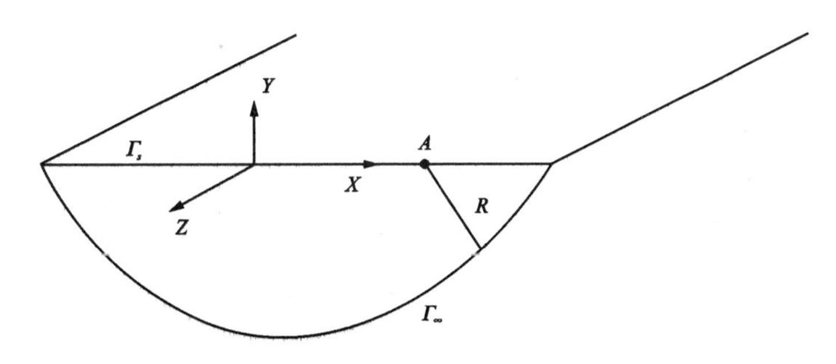

图2-13　3D点源场示意图

2. 相位激电的变分问题

与式(2-12)相应的变分问题为

$$
\begin{aligned}
F(u) &= \int_{\Omega} \frac{1}{2}[\sigma(\nabla u)^2 + k^2\sigma u^2 - 2I\sigma\delta(A)u]\mathrm{d}\Omega + \\
&\quad \frac{1}{2}\int_{\Gamma_\infty} k\sigma \frac{K_1(kr)}{K_0(kr)}\cos(r,n)u^2\mathrm{d}\Gamma \qquad (2-13) \\
\delta F(u) &= 0
\end{aligned}
$$

3. 有限单元法

采用有限单元法求解式(2-13)的变分问题，其实现步骤如下。

1)网格剖分

如图2-14所示，将求解区域按起伏地形线剖分。有限元单元网格设计为四边形内三角剖分方式。如图所示，沿实际地形线进行网格剖分，一方面避免了三角网格过于尖锐的情况，另一方面更加符合野外实际地形。

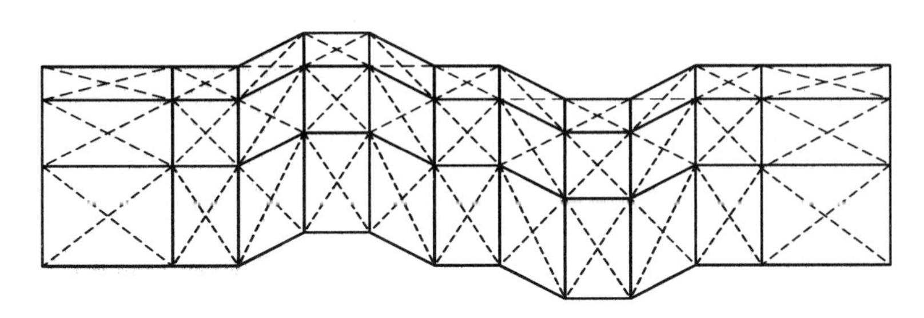

图2-14　网格剖分示意图

2)系数矩阵集成

剖分单元网格为三角形，其顶点关系如图2-15所示。

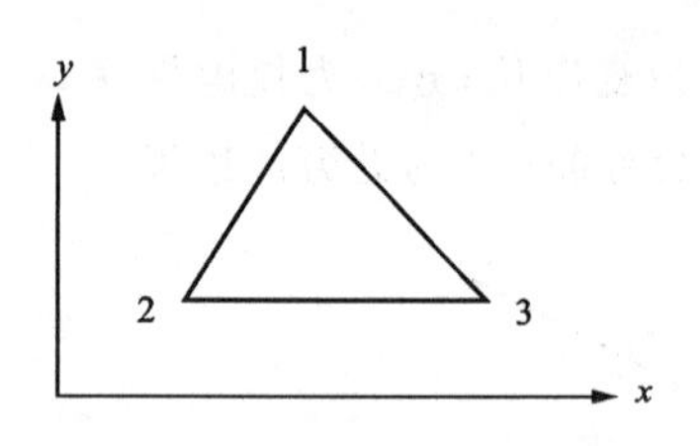

图 2-15　三角单元示意图

在式(2-13)中关系如下

$$\int_{\Delta}\frac{1}{2}[\sigma(\nabla u)^2+k^2\sigma u^2-2I\sigma\delta(A)u]\mathrm{d}\Omega$$
$$=\frac{1}{2}U^T(K_1+K_2)U-U^TS \tag{2-14}$$

$$\frac{1}{2}\int_{\Gamma_\infty}k\sigma\frac{K_1(kr)}{K_0(kr)}\cos(r,n)u^2\mathrm{d}\Gamma=\frac{1}{2}U^TK_3U \tag{2-15}$$

其中，

$$K_1=\frac{1}{4\Delta}\sigma\begin{bmatrix}a_1 & b_1\\ a_2 & b_2\\ a_3 & b_3\end{bmatrix}\begin{bmatrix}a_1 & a_2 & a_3\\ b_1 & b_2 & b_3\end{bmatrix}$$

$$K_2=\frac{1}{20}\Delta\sigma k^2\begin{bmatrix}c_{11} & c_{12} & c_{13}\\ c_{21} & c_{22} & c_{23}\\ c_{31} & c_{32} & c_{33}\end{bmatrix}$$

式中：$S=I\delta(A)$；$K_3=\frac{1}{4}CL$；I 为电流强度；a_i、b_i、c_{ij} 为三角单元系数；$C=\left[k\frac{K_1(kr)}{K_0(kr)}\cos(r,n)\right]$；$L$ 为三角单元底边长度。

3)线性方程组

对所有三角单元求和，即得泛函

$$F(u)=\frac{1}{2}U^T(K_1+K_2+K_3)U-U^TS=\frac{1}{2}U^TKU-U^TS \tag{2-16}$$

再令泛函式(2-16)的极值为零，即得

$$KU=S \tag{2-17}$$

解此线性方程组，即可得到各节点的复电位。

4)视复电阻率和视相位

视复电阻率公式为

$$\rho_s=G\frac{u_M-u_N}{I} \tag{2-18}$$

式中：G 为装置系数，对于偶极-偶极，有 $G=\pi\cdot a\cdot(n-1)\cdot n\cdot(n+1)$；$n$ 为隔离系数；a 为偶极大小。

视相位公式为

$$\varphi_s=\tan^{-1}\frac{\mathrm{Im}(\rho_s)}{\mathrm{Re}(\rho_s)} \tag{2-19}$$

二、线性最小二乘反演法

1. 视复电阻率反演

建立目标函数，表达式为

$$\varphi = \| \boldsymbol{W}_d(\Delta \boldsymbol{d} - \boldsymbol{A}\Delta \boldsymbol{m}) \|^2 + \| \boldsymbol{W}_m(\boldsymbol{m} - \boldsymbol{m}_b + \Delta \boldsymbol{m}) \|^2 \tag{2-20}$$

式中:第一项为通常的最小二乘法,第二项为模型先验信息项;$\Delta \boldsymbol{d}$ 为数据差矢量,其值为 $\Delta d_i = \ln\rho_{ai} - \ln\rho_{ci}(i=1,2,\cdots,N)$;$\boldsymbol{m}$ 为预测模型参数矢量,其值为 $m_j = \ln\rho_j(j=1,2,\cdots,M)$;$\boldsymbol{m}_b$ 为基本模型参数矢量,其值为 $m_{bj} = \ln\rho_{bj}(j=1,2,\cdots,M)$;$\boldsymbol{A}$ 为偏导数矩阵,其值为 $A_{ij} = \dfrac{\partial \ln\rho_{ci}}{\partial \ln\rho_j}$;$\boldsymbol{W}_d$ 为数据拟方差矩阵,值为 $\boldsymbol{W}_d = \mathrm{diag}(1/\sigma_1, 1/\sigma_2, \cdots, 1/\sigma_N)$;$\boldsymbol{W}_m = \sqrt{\lambda}C$,$\lambda$ 为拉格朗日乘数;$\boldsymbol{C}$ 为光滑度矩阵。

这样,所加入的先验信息使模型既光滑又接近基本模型。为使目标函数极小值为零,对式(2-20)求导,并令其等于零,可得到如下线性方程组

$$(\boldsymbol{A}^T\boldsymbol{W}_d^T\boldsymbol{W}_d\boldsymbol{A} + \boldsymbol{W}_m^T\boldsymbol{W}_m)\Delta \boldsymbol{m} = \boldsymbol{A}^T\boldsymbol{W}_d^T\boldsymbol{W}_d\Delta \boldsymbol{d} + \boldsymbol{W}_m^T\boldsymbol{W}_m(\boldsymbol{m}_b - \boldsymbol{m}) \tag{2-21}$$

上式也等效于求下面线性方程组的最小二乘解,即

$$\begin{vmatrix} \boldsymbol{W}_d\boldsymbol{A} \\ \boldsymbol{W}_m \end{vmatrix} \Delta \boldsymbol{m} = \begin{vmatrix} \boldsymbol{W}_d\Delta \boldsymbol{d} \\ \boldsymbol{W}_m(\boldsymbol{m}_b - \boldsymbol{m}) \end{vmatrix} \tag{2-22}$$

解出模型修改量 $\Delta \boldsymbol{m}$,再加入预测模型参数中,得到新的预测模型参数矢量。重复这个过程,直到实测数据和模型数据之间的均方误差满足要求。均方误差的定义为

$$Err = \sqrt{\frac{1}{N}\Delta \boldsymbol{d}^T\Delta \boldsymbol{d}} \tag{2-23}$$

2.视相位反演

按照直流电阻率法/激发极化法的反演方法,视电阻率为视复电阻率振幅,本征电阻率为本征复电阻率振幅,将视极化率等同于视相位,进行带地形 2.5D 相位激电法优化反演。

视相位响应可表示为

$$\boldsymbol{\varphi}_{ai} = \sum_{j=1}^{M} \frac{\partial \ln\rho_{ai}}{\partial \ln\rho_j}\boldsymbol{\varphi}_j \quad i = 1,2,\cdots,N \tag{2-24}$$

写成矩阵形式为

$$\boldsymbol{\varphi}_a = A\boldsymbol{\varphi} \tag{2-25}$$

建立目标函数为

$$\boldsymbol{\psi} = \| \boldsymbol{W}_d(\boldsymbol{\varphi}_d - A\boldsymbol{\varphi}) \|^2 + \| \boldsymbol{W}_\varphi(\boldsymbol{\varphi} - \boldsymbol{\varphi}_b) \|^2 \tag{2-26}$$

式中:$\boldsymbol{W}_d$ 为数据拟方差矩阵;$\boldsymbol{W}_\varphi$ 为先验信息加权矩阵;为了使式(2-26)极值最小,对式(2-26)求导,并令其等于零,得到如下线性方程组

$$(\boldsymbol{A}^T\boldsymbol{W}_d^T\boldsymbol{W}_d\boldsymbol{A} + \boldsymbol{W}_\varphi^T\boldsymbol{W}_\varphi)\boldsymbol{\varphi} = \boldsymbol{A}^T\boldsymbol{W}_d^T\boldsymbol{W}_d\boldsymbol{\varphi}_a + \boldsymbol{W}_\varphi^T\boldsymbol{W}_\varphi\boldsymbol{\varphi}_b \tag{2-27}$$

上式也等效于如下线性方程组的最小二乘解,即

$$\begin{vmatrix} \boldsymbol{W}_d\boldsymbol{A} \\ \boldsymbol{W}_\varphi \end{vmatrix} \boldsymbol{\varphi} = \begin{vmatrix} \boldsymbol{W}_d\boldsymbol{\varphi}_a \\ \boldsymbol{W}_\varphi\boldsymbol{\varphi}_b \end{vmatrix} \tag{2-28}$$

解出上式方程组,便可得到相位反演结果。

三、视谱参数反演

表征岩石的激电复电阻率频率特性满足柯尔-柯尔模型，即

$$\rho(\omega)=\rho_0\left\{1-m\left[1-\frac{1}{1+(i\omega\tau)^c}\right]\right\} \tag{2-29}$$

式中：$\rho(\omega)$为岩石在交变电流场中的复电阻率（在复电阻率2.5D反演结果中，表现为本征复电阻率）。4个真谱参数分别为零频电阻率ρ_0（真电阻率，在真谱反演中，表现为本征电阻率）、频率相关系数c、时间常数τ、充电率（极限极化率）m。显然，充电率$m=\dfrac{\rho_0-\rho_\infty}{\rho_0}$，这里$\rho_\infty$为频率为∞时的电阻率。令

$$m(\omega_i)=m\left[1-\frac{1}{1+(i\omega_i\tau)^c}\right] \tag{2-30}$$

则柯尔-柯尔模型可以改写为

$$\rho(\omega_i)=\rho_0[1-m(\omega_i)] \tag{2-31}$$

又设

$$n(\omega_i)=\frac{1}{1+(i\omega_i\tau)^c} \tag{2-32}$$

那么

$$m(\omega_i)=m[1-n(\omega_i)] \tag{2-33}$$

假设4个不同频率ω_1、ω_2、ω_3、ω_4的复电阻率为$\rho(\omega_1)$、$\rho(\omega_2)$、$\rho(\omega_3)$、$\rho(\omega_4)$，这里$\omega_1<\omega_2<\omega_3<\omega_4$。由于$\omega_1$最小，所以先假设$\rho_0=\rho(\omega_1)$，并有以下步骤。

(1)将式(2-31)变为

$$m(\omega_i)=\frac{\rho_0-\rho(\omega_i)}{\rho_0} \tag{2-34}$$

可以计算出$m(\omega_2)$、$m(\omega_3)$、$m(\omega_4)$。

(2)将式(2-33)写为

$$n(\omega_i)=\frac{m-m(\omega_i)}{m} \tag{2-35}$$

由于ω_4最大，可以先假设$\rho_\infty=\rho(\omega_4)$，这样$m=m(\omega_4)$，由此可以得到$n(\omega_2)$、$n(\omega_3)$。

(3)将式(2-32)变为

$$(i\omega_i\tau)^c=\frac{1-n(\omega_i)}{n(\omega_i)} \tag{2-36}$$

把$n(\omega_2)$、ω_2、$n(\omega_3)$、ω_3代入上式，可联立解出c和τ。

(4)将c、τ、ω_1、ω_4分别代入式(2-32)，可得到$n(\omega_1)$、$n(\omega_4)$。

(5)将$n(\omega_1)$和m代入式(2-33)中，得到$m(\omega_1)$。

(6)将式(2-31)变为

$$\rho_0=\frac{\rho(\omega_i)}{1-m(\omega_i)} \tag{2-37}$$

并把 $\rho(\omega_1)$和 $m(\omega_1)$代入式(2-37),可得到 ρ_0。

(7)重复第(1)步,计算 $m(\omega_2)$、$m(\omega_3)$、$m(\omega_4)$。

(8)将式(2-33)改写为

$$m=\frac{m(\omega_i)}{1-n(\omega_i)} \tag{2-38}$$

并把 $m(\omega_4)$和 $n(\omega_4)$代入式(2-38),可以得到充电率 m。

(9)重复第(2)步,计算出 $n(\omega_2)$、$n(\omega_3)$。

(10)重复第(3)步,计算出 c 和 τ。

(11)重复第(4)步到第(10)步,直到 ρ_0、c、τ、m 的值达到稳定为止。

四、模型计算

1.单频相位激电法

装置排列:偶极-偶极。

跑极方式:发射、接收同时跑极。

相邻电极间隔:10m。

排列数:40。

接收道数:20。

发射偶极长度系数:1。

接收偶极长度系数:1。

初始隔离系数:1。

频谱信息为:1Hz。

地形:起伏地形。

单频相位激电法地电模型如图 2-16 所示,地形模型如图 2-17 所示。

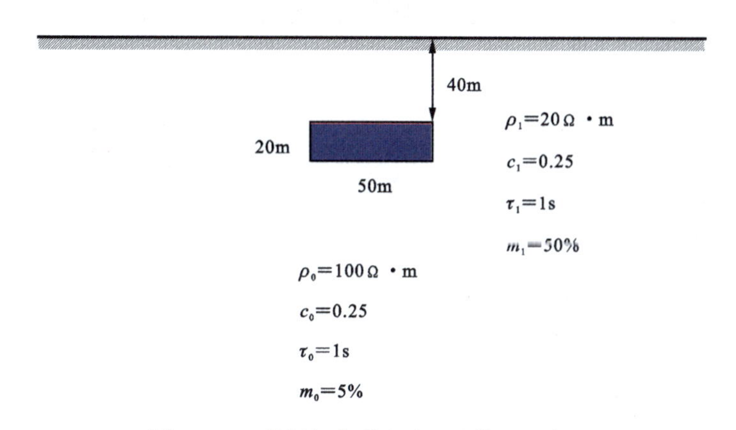

图 2-16 单频相位激电法地电模型示意图

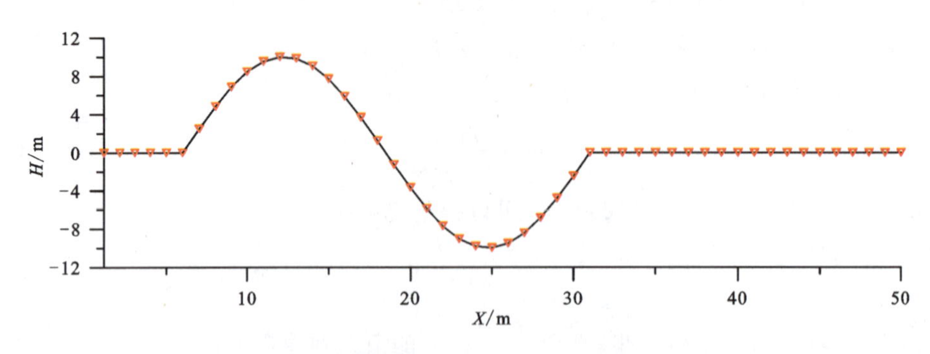

图 2-17　单频相位激电法地形模型示意图

单频相位激电法视电阻率、视相位正演模拟的拟断面图如图 2-18 所示。

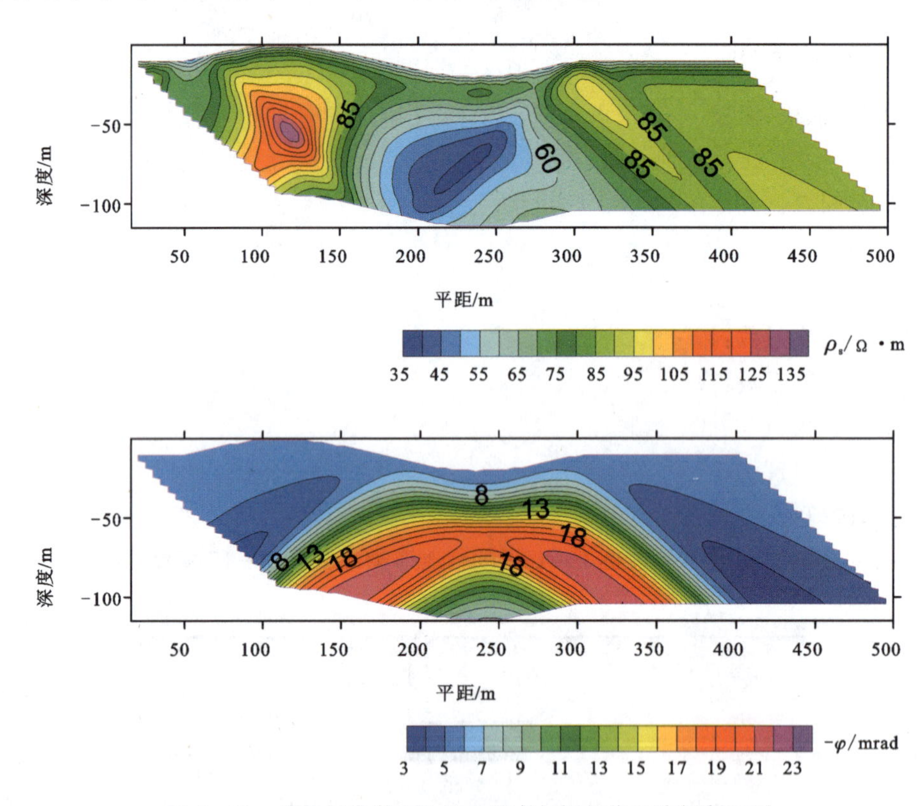

图 2-18　单频相位激电法视电阻率与视相位正演拟断面图

单频率反演的电阻率及相位断面图如图 2-19 所示。

实测数据算例为：偶极-偶极，电极距为 80m；电阻率反演，反演深为 800m，电极数为 46，记录点数为 84，频谱信息为 1Hz。

采用本程序反演的电阻率及相位断面图如图 2-20 所示。

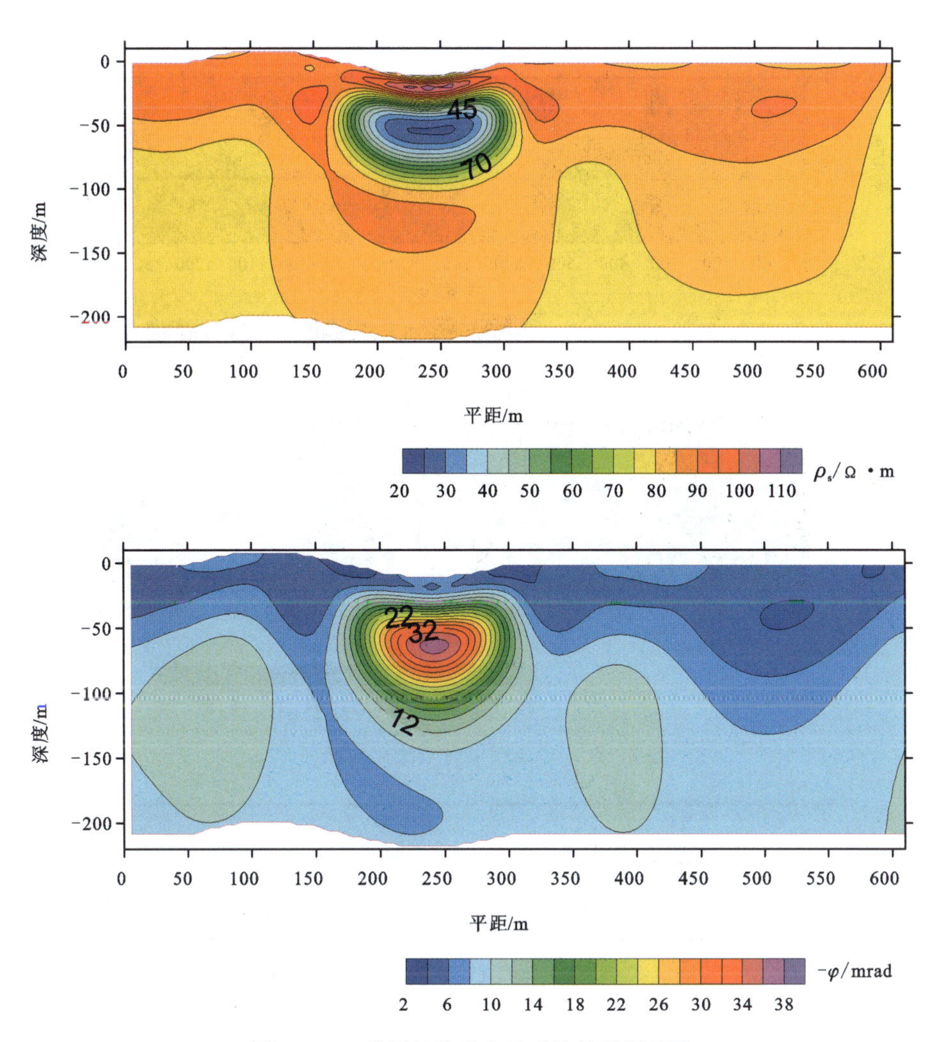

图 2-19 单频相位激电法反演结果断面图

2. 多频谱激电法

装置排列:偶极-偶极。

相邻电极间隔:20m。

频谱信息:1/16Hz、1/4Hz、1Hz、4Hz。

多频谱激电法地电模型如图 2-21 所示(非等比例示意图)。

多频谱激电法地形模型如图 2-22 所示(非等比例示意图)。

其视电阻率、视相位正演模拟的拟断面图如图 2-23、图 2-24 所示。

多频谱激电法视谱参数反演(选 4 个频率,1/16Hz、1/4Hz、1Hz、4Hz,直接迭代法反演)拟断面图如图 2-25 所示。

利用多频率反演的电阻率及相位断面图如图 2-26、图 2-27 所示。

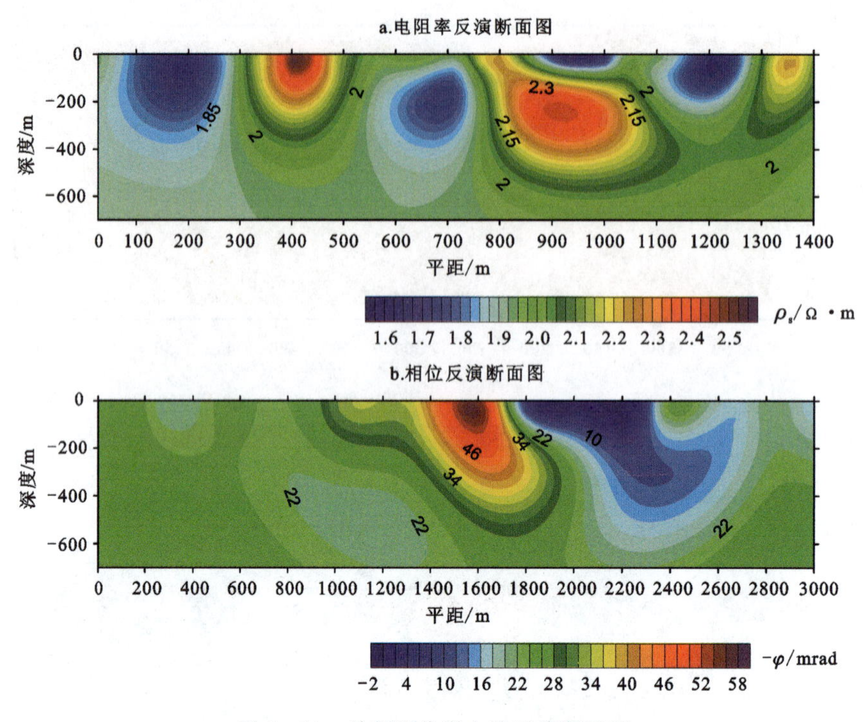

图 2-20　单频相位激电法反演断面图

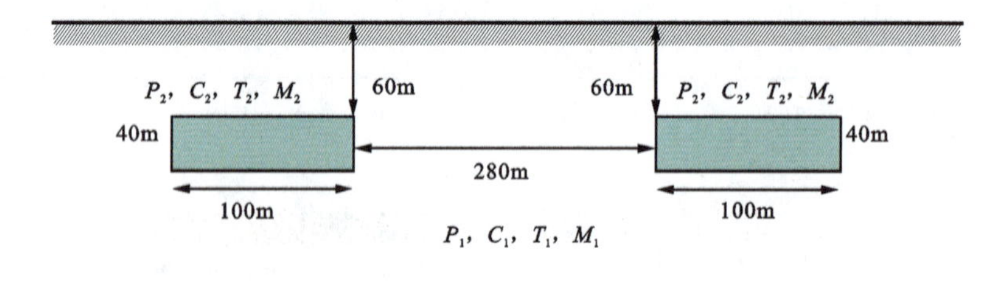

$P_1=100\Omega\cdot m$　　$P_2=20\Omega\cdot m$

$C_1=0.5$　　$C_2=0.25$

$T_1=1s$　　$T_2=10s$

$M_1=0.05$　　$M_2=0.3$

图 2-21　多频谱激电法地电模型示意图

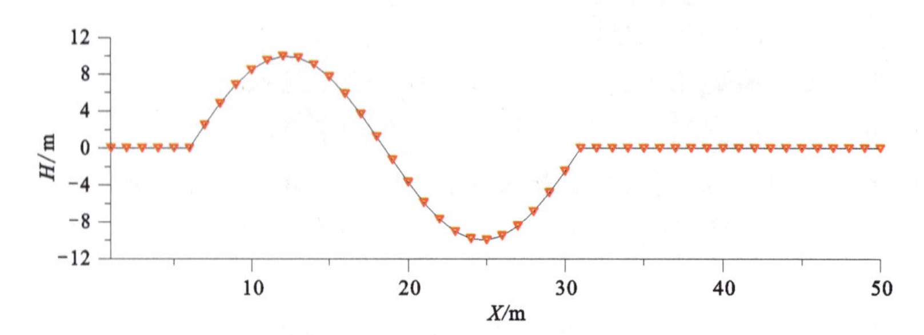

图 2-22　多频谱激电法地形模型示意图

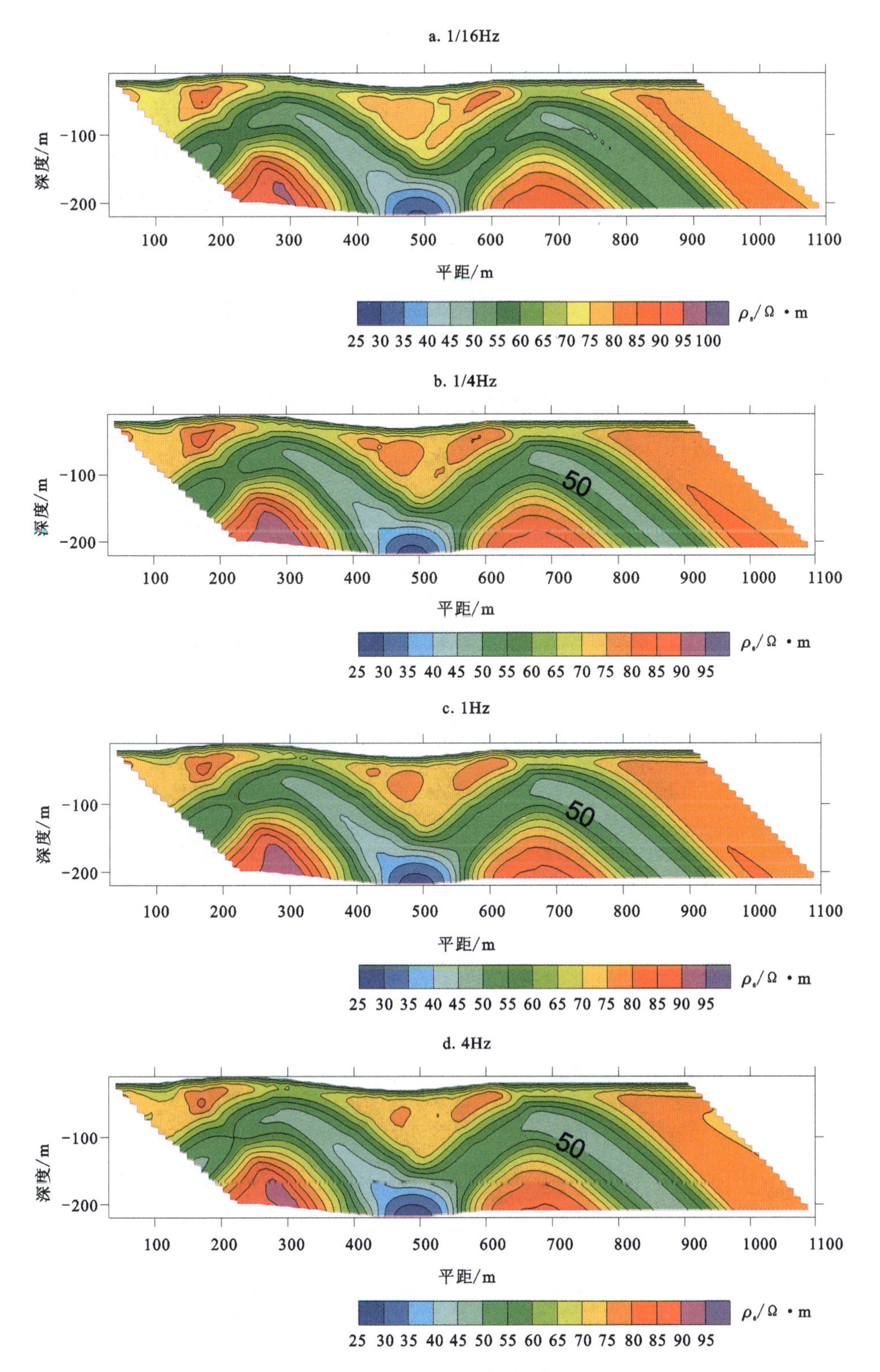

图 2-23 多频谱激电法不同频率视电阻率正演结果

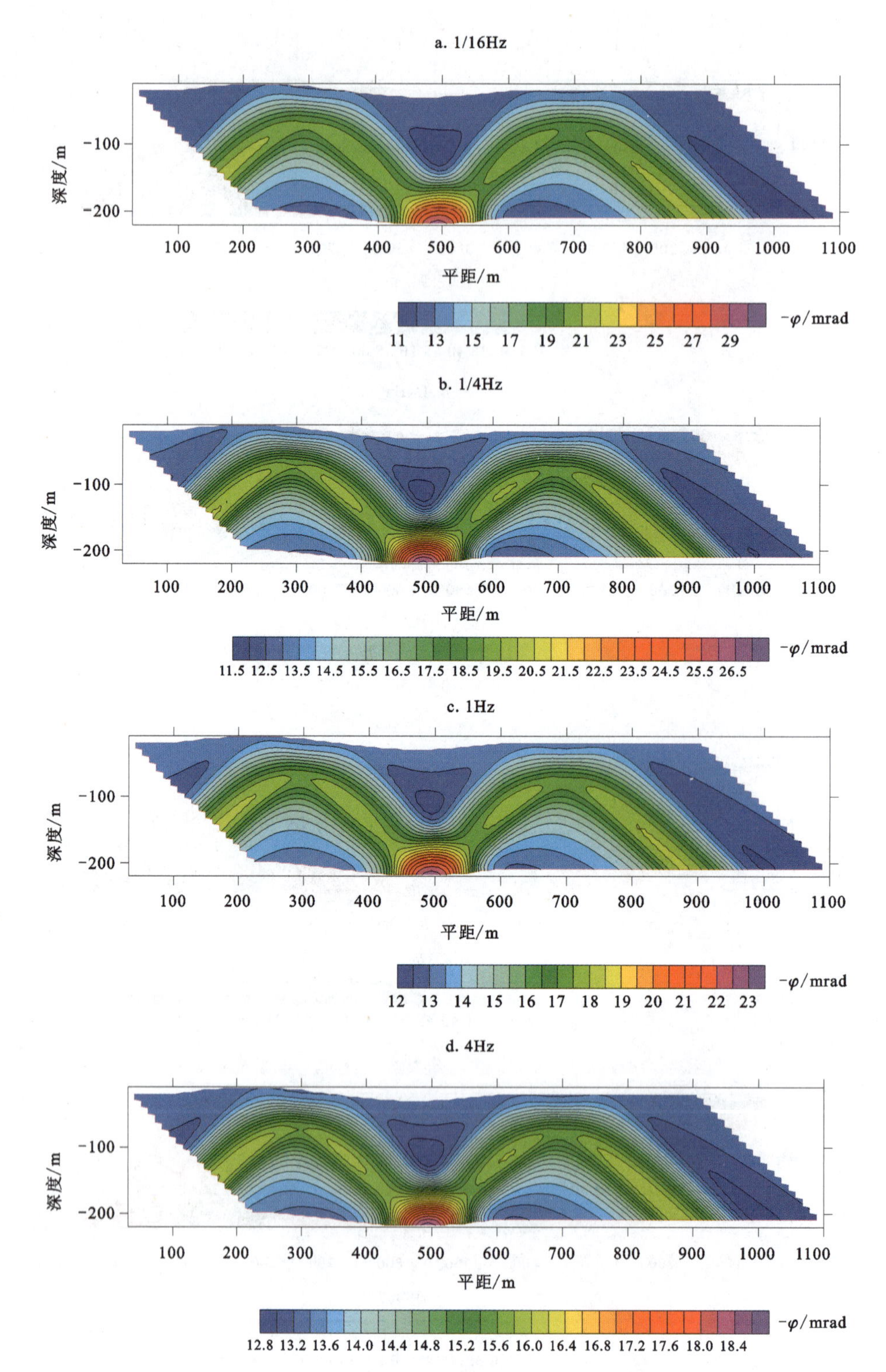

图 2-24　多频谱激电法不同频率视相位正演结果

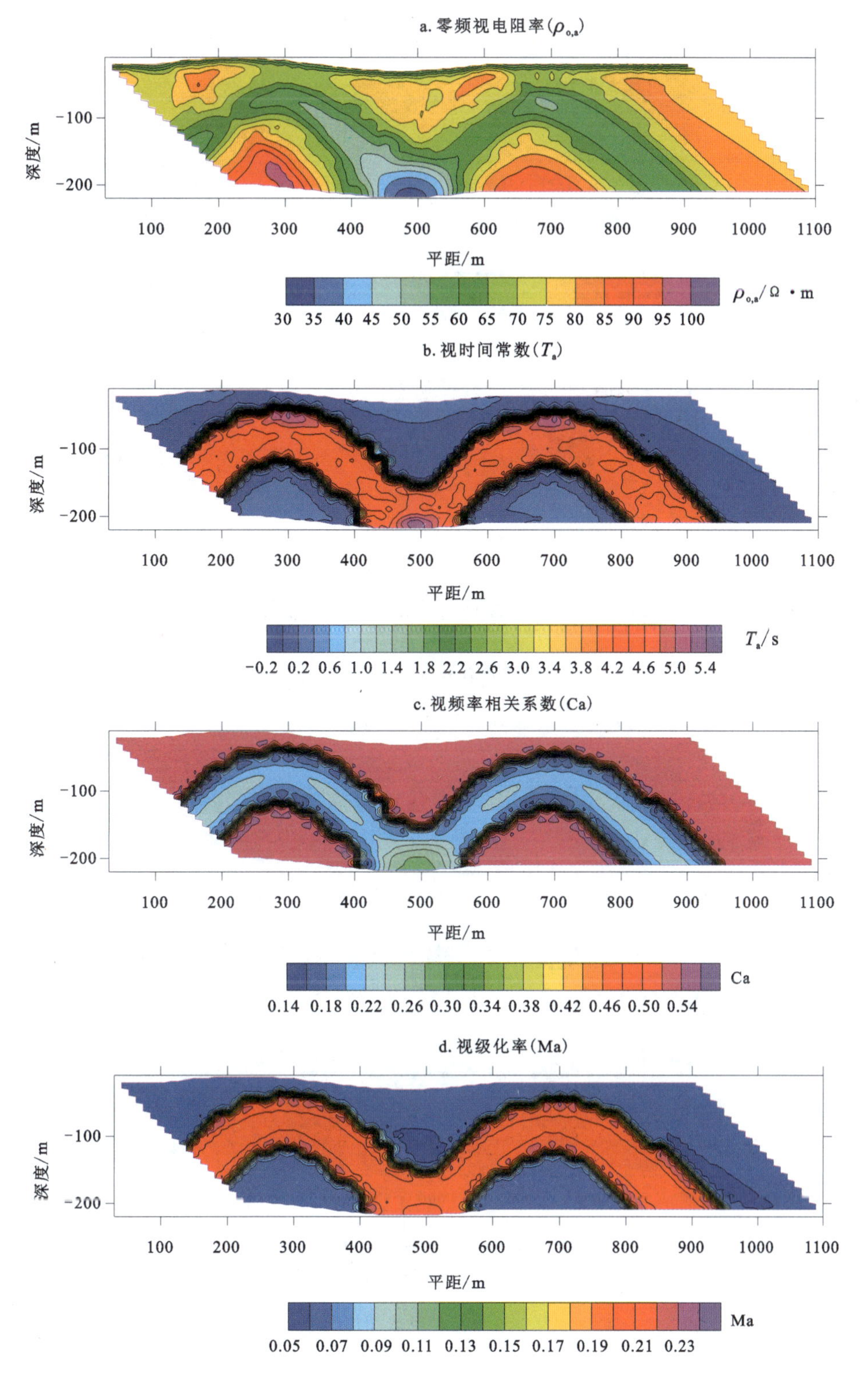

图 2-25　多频谱激电法视谱参数反演结果

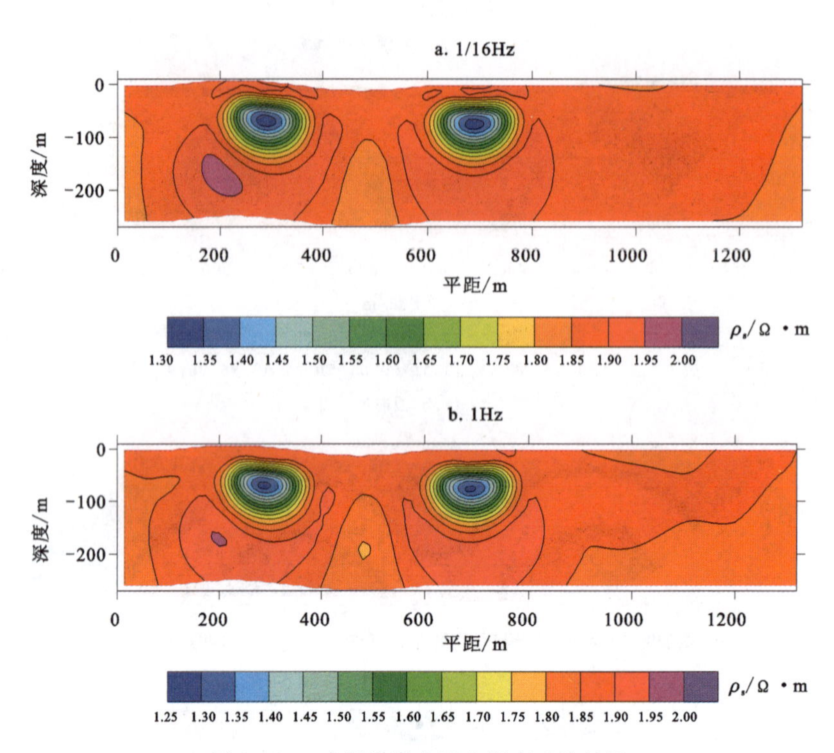

图 2-26 多频谱激电法电阻率反演结果

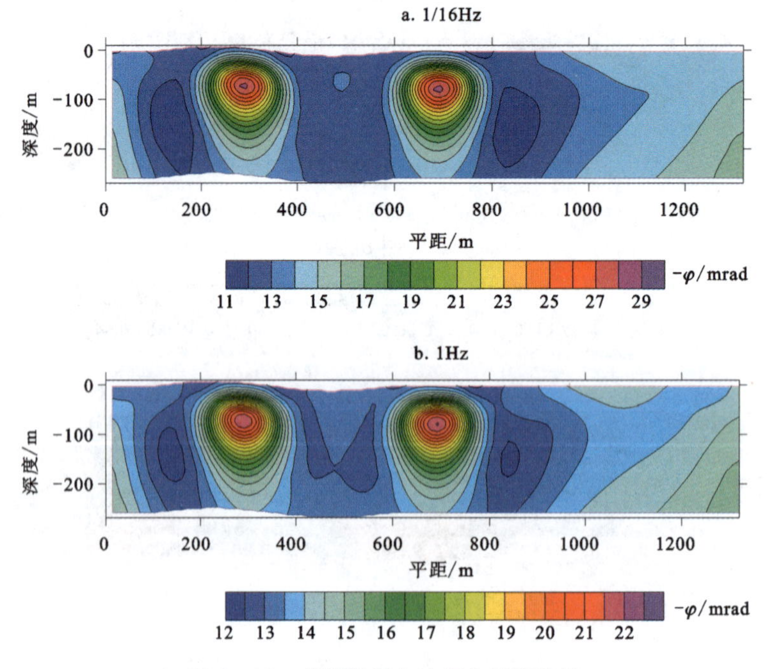

图 2-27 多频谱激电法相位反演结果

第三章 相位激电仪器研制

第一节 发射系统研制

一、发射系统设计

发射系统基于多处理器控制技术的总控制框架，采用工业级高性能低功耗 AVR 微控制器(简称 MCU)，将多个 MCU 有机地集成在一块电路板上，提高了系统控制的实时性和可靠性，有效降低了系统功耗，使仪器系统在性能和功耗等方面同时做到了最优，如图 3-1 所示。

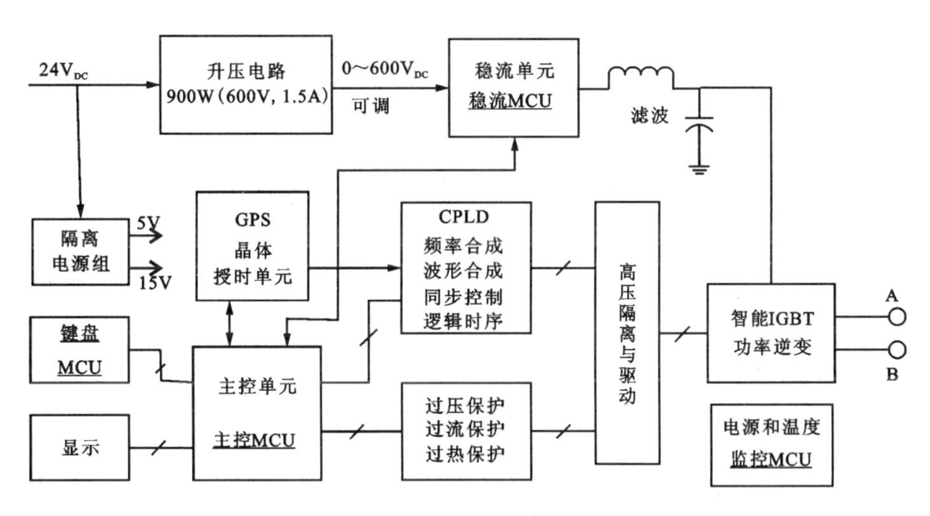

图 3-1　发射系统总原理框图

在图 3-1 中，主控 MCU 对系统进行全面控制，实现人机接口、同步方式控制、供电波形控制、频率设定、电流设定、自动扫频供电、GPS 初始化及时间和定位信息显示、控制界面显示和控制等功能。其他的 MCU 分别完成数字式 PWM(脉宽调制)稳流、键盘扫描、电源和温度监控与报警等任务。多个处理器协同并行工作，提高了整个系统的实时性和可靠性。其他单元电路的功能具体如下。

升压电路：为发射系统功率逆变输出提供具有一定功率的高压电源。为了提高升压电路的工作效率，轻便款电池采用了 24V 蓄电池，经 DC/DC 升压变换后，输出 0～600V 连续可调的直流电压,最大输出功率为900W,适合复杂地形剖面测深工作。中、大功率款可采用发电机供电,功率电源转换后最大电压可达1000V,最大电流可达几十安培,适合中梯装置开展扫面工作。

稳流单元:发射系统供电控制电路的核心部分,在稳流MCU的控制下,对高压功率电源进行稳流或稳压方式调节,实现高精度稳流或稳压供电。

频率、波形合成单元:发射系统综合逻辑和时序控制电路,实现频率合成、供电波形合成、同步供电控制、控制时序合成等功能。

保护单元:对发射系统的供电电压、供电电流和工作温度等参数进行监测,实现过压保护、过流保护和过热保护等功能。

隔离电源组:为发射系统提供多路隔离的低压工作电源和多路隔离的高压工作电源。

功率逆变单元:将直流电转换成设定的频率、幅值和波形可变的供电输出。功率逆变单元是发射系统将电能供入大地的重要技术装置。

二、供电波形合成

相位激电方法技术对发射机的基本要求是能供出图3-2所示的波形。在电路中实现上述供电波形一般有两种方法,即软件合成法和硬件合成法。

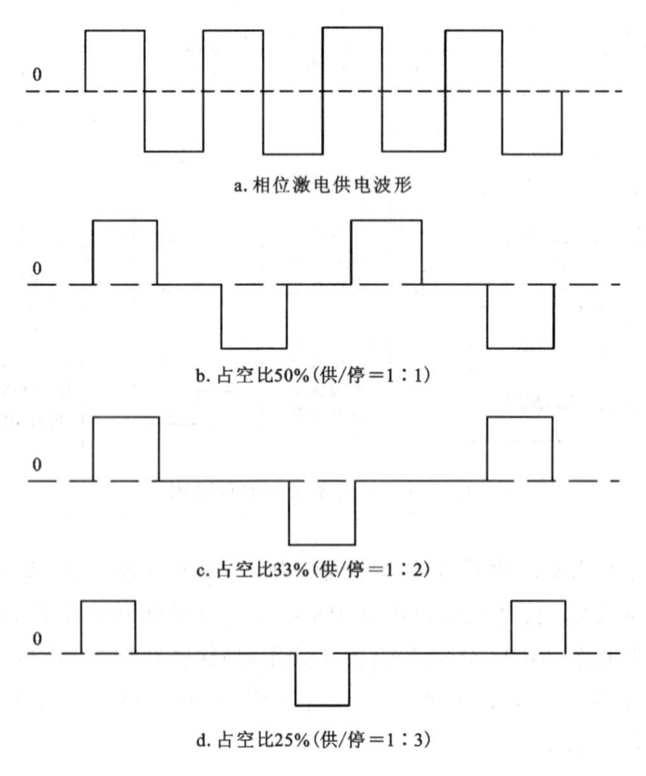

图3-2 基于CPLD和VHDL技术合成的供电波形

采用软件合成法实现上述波形的基本思路是：事先将波形数据以表格的形式保存在存储器中，MCU 按照一定的时间间隔读取表格中的数据，并将该数据从硬件端口输出，不断重复这一过程即可合成所需的供电波形。但是，软件合成法存在严重的不足，对 MCU 来说，不同逻辑或条件语句的执行时间差别较大，并且这种时间差会不断累积，致使误差越来越大。在要求同步观测或对时间精度要求比较高的 SIP 相位测量中，这种误差无法满足技术要求（石福升和林品荣，2003）。

常规的硬件合成方法需要很多的逻辑门电路才能完成，其结果是电路复杂，电路板面积庞大、集成度低、开发周期长，调试工作量大，人力成本高。大规模可编程集成电路复杂可编程逻辑器件（complex programmable logic device，简称 CPLD）技术的出现，有了一种高效高集成度的解决方案。CPLD 的集成度高、规模大，可以替代几十片甚至上百片的通用逻辑集成电路芯片，由于具有在系统可编程、设计方案容易改动的特点，特别适合设计时序比较复杂的逻辑控制电路（石福升和林品荣，2003）。

目前，许多电子设计自动化软件都对 CPLD 器件提供了强有力的支持，其中功能最强大、最灵活的是超高速集成电路硬件描述语言（very high speed integrated circuit hardware description language，简称 VHDL）。该编程语言诞生于美国国防部支持的一项研究计划，其目的是把电子电路的设计意义以文字或文件的方式保存下来，以便其他人能容易地了解电路的设计意义。VHDL 语言 1987 年成为电气和电子工程师协会（Institute of Electrical and Electronics Engineers，简称 IEEE）的标准，随后国家技术监督局出版《CAD 通用技术规范》（GB/T 17304—1998），推荐 VHDL 语言作为我国电子设计自动化硬件描述语言的国家标准。当前最新的规范标准为《CAD 通用技术规范》（GB/T 17304—2009）。

发射系统供电波形基于 CPLD 硬件技术和 VHDL 编程技术实现，其波形的合成原理如图 3－3 所示，通过该技术方案既可以合成相位激电占空比为 100％的单频波形，亦可合成占空比为 50％，供/停＝1∶1；占空比为 33％，供/停＝1∶2；占空比为 25％，供/停＝1∶3 等时域激电用的几种供电波形。

三、高精度稳流

1. 关于稳流供电问题

在人工场电磁法勘探技术中，作为信号场源的发射机必须要有稳定的时基、精确的同步机制和较大的功率输出。在电源或负载不稳定的场合施工，要求发射系统必须具有稳流功能，对于向大地供电的发射系统更是如此。供电电极深埋于地下，受极化作用的影响，接地电阻（发射机的负载）会随时间发生变化。因此，要保持输出电流稳定，使其不受负载效应和源效应的影响，发射机必须要有很好的稳流机制。不仅如此，发射机的输出电流还必须在大范围可调（0～100％），稳流精度要求较高（一般为 1％或更高）。

稳流技术按电路中调整管的工作方式，分为线性稳流和开关式稳流。在线性稳流中，调整管工作在线性放大状态，该方案中的电流取样和电流比较均为模拟信号，故称为模拟式稳

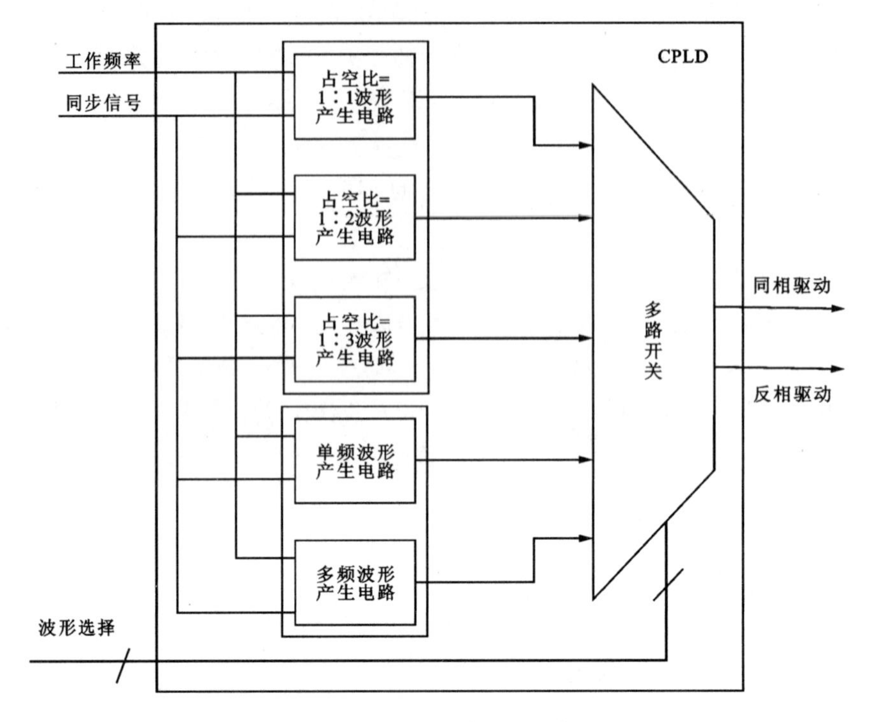

图 3－3　供电波形合成原理框图

流。线性稳流方案中，当负载电流较大时，调整管的集电极功率损耗较大，有时还需要配备庞大的散热装置，故该方案主要用于功率较小的发射系统，效率相对较低。

开关式稳流方案中的调整管工作在开关状态，管子主要工作在饱和导通与截止两种状态。由于管子饱和导通时的管压降及截止时的电流都很小，损耗主要发生在状态转换过程中，因此效率较高，该方案在功率较大的发射系统中采用较多。

模拟式稳流方案的优点是结构简单、易于调试。电流取样和电流比较为模拟信号，抗干扰能力相对较差。尤其在逆变桥换相时，电流取样电路中会产生很强的尖峰干扰，该干扰与电流基准相比较，将引起供电电流波动，进而影响发射系统的稳流精度。

为提高稳流精度、保证相位激电测量系统观测结果的可靠性和精度，开发了一种高精度的数字稳流方案。该方案中电流取样、电流滤波及电流比较均为数字信号，因此具有较强的抗干扰能力和较高的稳流精度。

2. 高精度数字稳流

1)基本概念

数字稳流是脉冲宽度调制(pulse-width-modulated，简称 PWM)稳流的一种。与常规 PWM 不同的是，该方案中的电流采样、电流滤波、脉宽调制均为数字方式，电路结构较为复杂，抗干扰能力强，稳流精度高(石福升，2004)。数字稳流的原理如图 3－4 所示，其中各模块的功能如下。

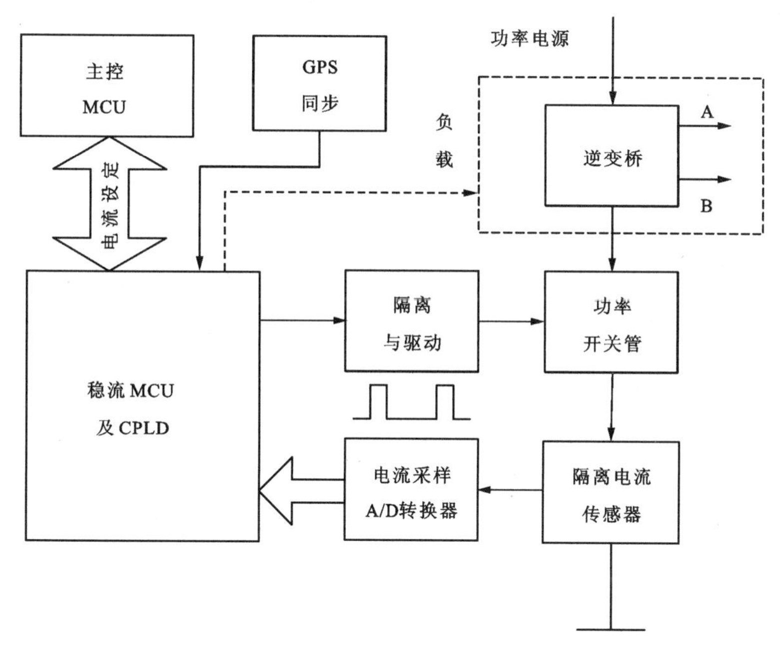

图 3-4 数字 PWM 稳流原理

稳流微控制器稳流(MCU):主控单元,控制整个稳流电路的工作,如稳流、不稳流(全通)或关断,设定供电电流大小,保护指示、报警,与主控 MCU 的通信等。

CPLD:完成脉宽调制、驱动波形死区时间控制、时序控制、电流采样及滤波等功能。

隔离与驱动:完成高、低压电路的隔离及功率管的驱动。

A/D 转换器:完成供电电流的数字化。

电流传感器:完成高压端电流的隔离检测。

功率开关管:电流调整的关键部件,调整该管的导通占空比,即可调整输出电流的大小。

GPS 同步:同步供电控制。

工作过程:稳流 MCU 设定供电电流并启动稳流功能后,CPLD 控制 A/D 转换器进行电流采样,对电流样进行数字滤波并与设定的电流数值进行比较。若供电电流小于设定的电流,稳流单元自动增加调制脉冲的宽度,使输出电流变大;若供电电流大于设定的电流,稳流单元自动减小调制脉冲的宽度,使输出电流变小。此过程无限循环,使输出电流维持在设定的电流值。整个稳流过程全部由硬件完成,不需要 MCU 的干预。因此,整个电路调整速度快,稳流精度高。

2)稳流模块的软硬件设计

硬件设计:脉宽调制、时序控制、电流采样及滤波等功能在一片 CPLD 上实现。其他主要器件:电流传感器为 LEM 公司的 LA25-NP 霍尔传感器;隔离驱动为 IGBT 专用驱动芯片 TLP250;功率开关为 1700V/50A 的高压 IGBT(绝缘栅双极性晶体管);主控 MCU 为 ATMEL 公司的 Mega 16 高速单片机,该芯片在系统可编程,支持 C 语言编程,调试方便;

GPS 同步采用 U－Blox 公司的 LEA－5 产品，精度为协调世界时±20ns(协调世界时，全称 universal time coordinated，简称 UTC)。

软件设计：微处理器控制软件采用嵌入式 C 语言编写，包括与主控 MCU 的通信接口、工作模式设定、电流设定、保护等功能。CPLD 芯片中的控制功能用 VHDL 语言编写，包括脉宽调制、电流采样、电流滤波、电流比较、波形合成、时序控制等功能。

四、高精度同步

高精度同步系统是现代地球物理勘探工作的新技术，利用高精度的同步机制，可以实现一次场和二次场精确的时限测量，可以实现对于目标场阵列方式的精确同步观测。对天然场而言，同步测量可以将时空二维问题变为与时间无关的一维问题，方便处理解释；对人工场而言，则可以实现直接测量绝对相位。因此，高精度同步供电是发射系统的重要技术环节(石福升，1997)。

1. 相位激电法对同步精度的要求

相位激电方法技术要求发射系统与接收系统之间严格同步，以便实现高精度的绝对相位测量。对频谱激电(SIP)测量功能来说，要求相位的观测精度为 1mrad(毫弧度)。

对最高工作频率为 f，相位分辨率为 n 的相位测量系统，以时间为单位的同步精度 t 应满足下列关系

$$\frac{2\times\pi\times1000}{n}=\frac{\frac{1}{f}}{t} \tag{3-1}$$

或写成

$$t=\frac{n\times\frac{1}{f}}{2\times\pi\times1000} \tag{3-2}$$

实际设计电路时必须留有一定的裕度，即

$$t\leqslant\frac{n\times\frac{1}{f}}{2\times\pi\times1000} \tag{3-3}$$

相位激电测量系统，其最高工作频率 $f=128\text{Hz}$，整个系统的相位观测分辨率为 1mrad，由式(3－3)有

$$t\leqslant\frac{1\times\frac{1}{128}}{2\times\pi\times1000}=1.24\mu\text{s}$$

也就是说，系统对同步精度的要求应优于 1.24μs。

为满足上述同步精度要求，系统中采用了高精度 GPS 同步技术。GPS 同步技术在保证发射系统和接收系统之间精确同步的同时，还可提供定位信息以确定观测点的地理坐标。

2. GPS 同步电路

为实现相位激电测量系统所要求的同步精度，设计中采用高精度授时型 GPS 芯片，其授时精度为 20ns。GPS 同步原理如图 3-5 所示。

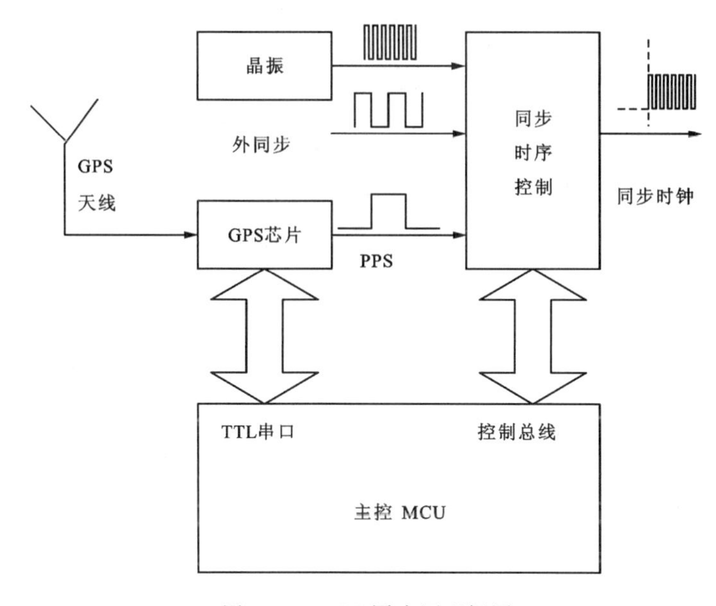

图 3-5 GPS 同步原理框图

同步电路的最大同步误差为 GPS 同步精度与一个同步时钟的周期之和。GPS 同步精度为 20ns，同步时钟为 16.384 000MHz，周期为 1/16 384 000s＝61ns，则最大同步误差为 20＋61＝81ns，该误差小于相位激电方法技术要求的同步精度（1.24μs，采用 GPS 同步，无累积偏差），满足工作要求。

五、功率逆变和升压

1. 功率逆变

逆变就是将直流电转换成特定要求的供电输出，其供电频率、供电电流和供电波形按方法技术要求可变，实现这一功能的电路装置称为逆变器。根据发射系统的工作频率、工作电压和供电电流的要求，功率逆变主要器件采用 IGBT 来实现，其原理如图 3-6 所示。图中各单元电路的功能如下。

CPLD：完成时序控制、波形合成、同步控制及 IGBT 保护逻辑等。

IGBT：逆变器的桥臂，是逆变器的功率元件，在控制时序驱动下有序地轮流导通，将直流电变换成各种波形输出。

霍尔传感器：电流传感器，对高压端的供电电流进行隔离检测。

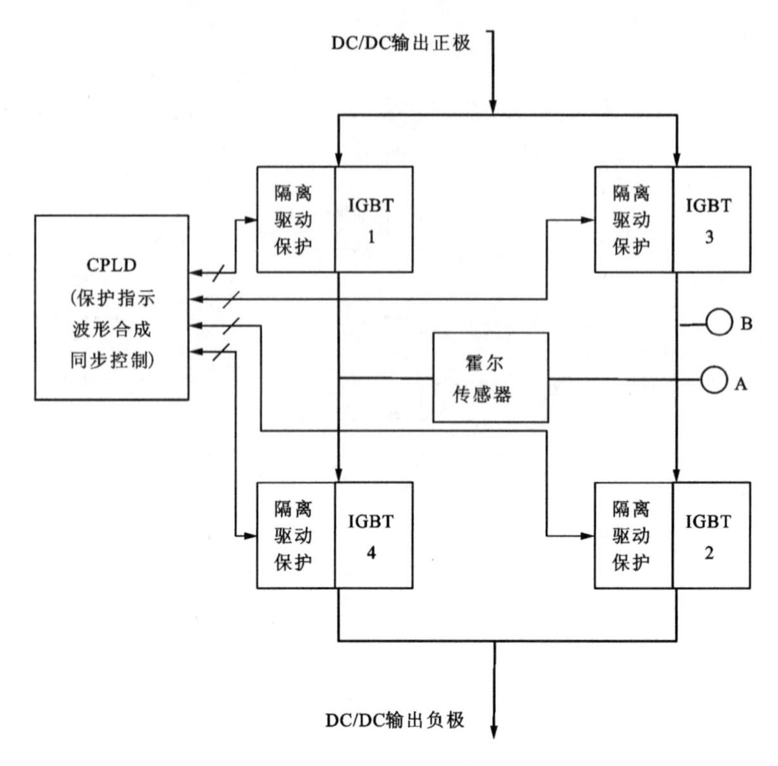

图 3-6 逆变器原理框图

2. DC/DC 升压

相位激电发射系统属于野外作业设备,其负载是大地。在实际工作中,由于不同供电点的接地条件不同,其接地电阻差别较大。为提高观测信号的强度、有效压制干扰,发射系统中开发了升压装置,以便产生各种不同的电压,适应各种接地条件。

相位激电测量系统轻便款测量设备,开发了 DC/DC(直流-直流)变换技术,将 $24V_{DC}$ 蓄电池升高到 75～600V 的直流电压(分为 7 档),这样就能满足大多数的接地条件,其原理如图 3-7 所示。

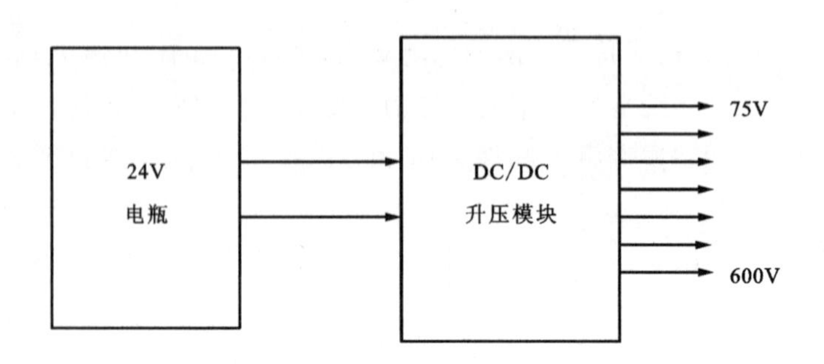

图 3-7 DC/DC 升压原理框图

六、发射系统控制软件

控制软件的功能是实现对硬件实时、完全地控制，并能对各种突发事件做出及时快速反应。为此，系统中采用了嵌入式 MCU 及其设计理念，该芯片集成了系统控制所需的全部硬件资源，如 CPU、程序存储器、数据存储器、串口、并口、定时计数器、脉宽调制控制器 PWM、数字 I/O 接口、模拟开关、A/D 转换器和放大器等。这种设计方案使得系统在集成度、控制灵活性、实时性、稳定性和可靠性等方面同时做到了最优。

1. 控制软件设计

要保证控制软件的实时性，首先，编程语言要具有访问硬件的能力，并具有最大的控制灵活性。由于控制软件经常与硬件“打交道”，因此要求编程语言具有输入/输出端口控制功能和对二进制数进行位操作的功能，这是对编程语言的基本要求。其次，在一项软件工程中，真正用在软件设计上的时间并不多，大多数时间用在软件维护和升级方面。因此，编程语言要具有结构化、易读性和易维护等特点，这样可降低软件维护成本。

鉴于上述原因，发射系统控制软件采用嵌入式 C 语言编写。C 语言是一种结构化的高级编程语言，能对硬件进行完全控制，具有易读、易维护和数据处理能力强等特点。

根据发射系统的工作特点和结构化的程序设计理念，控制软件采用事件驱动和多任务的编程思想，将软件按功能设计成若干模块，各个模块间协调工作。控制软件的构成如图 3－8 所示。控制软件的主要功能如下。

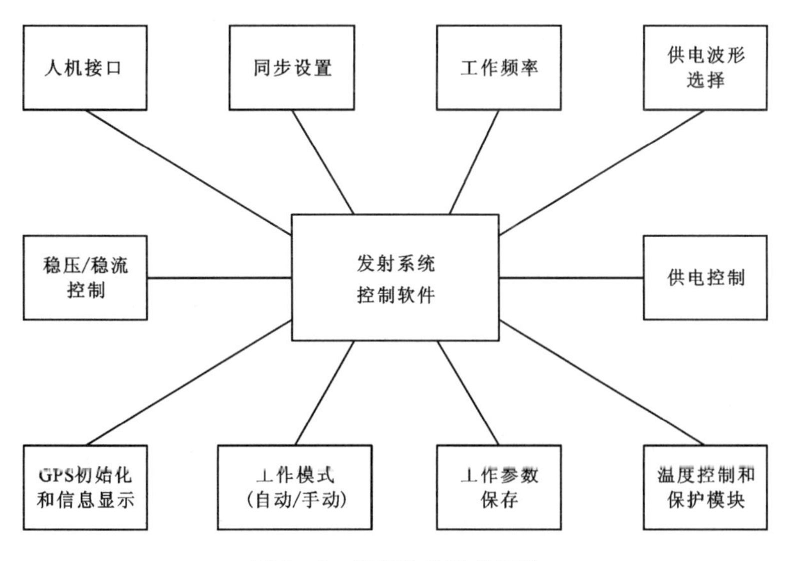

图 3－8 控制软件组成框图

人机接口：该模块负责人机交互，实现 LCD 显示屏控制，LCD 屏的中文字符显示，以及键盘输入、字符回显等功能。

同步设置：发射系统同步方式设置与控制，实现多种同步方式控制，即 GPS 同步和内同步方式等。

工作频率：该模块设定发射系统的工作频率，工作频率可在 1/128～128Hz 的范围内选择。

供电波形选择：该模块设置系统的供电波形，有占空比为 100%、50%、33%、25%的单频波形等。

供电控制：根据同步方式和工作模式（自动或手动）启动供电、扫频供电和停止供电。

GPS 初始化和信息显示：对 GPS 芯片进行初始化，同步时间设定、测点位置显示等。

工作模式（自动/手动）：该模块为发射系统提供了两种工作模式，即手动模式和自动模式。在手动模式下工作时，每个频率的供电操作都需要操作人员手动切换。在自动供电模式工作时，程序会自动进行频率切换，省时省电，工作效率高。

工作参数保存：将常用的工作频率和同步方式等参数保存在芯片内部的存储器中，下次开机时自动调入，方便工作人员进行操作。

温度控制和保护模块：该模块监测系统的运行状态，对系统中出现的过压、过流和过热现象进行实时监控和保护，并能定位故障的原因和位置，方便故障排除。为防止控制程序因受电磁干扰失控，软件中设计有看门狗技术，一旦出现程序运行失控现象，看门狗将迫使系统复位到初始的正常状态，有效保护发射系统。

稳压/稳流控制：根据方法技术要求，供电输出可以设定成稳压方式或者稳流方式。

2. 固件程序设计

固件编程，顾名思义就是把硬件电路的功能用编程语言描述出来，在电脑上进行时序分析和仿真，最后对 CPLD 进行系统编程，使其完成特定的电路功能。

发射系统中采用了多项新技术，基于 CPLD 和 VHDL 的硬件控制技术就是其一。CPLD 器件有许多优点，VHDL 硬件编程语言具有很大的灵活性和通用性，在设计复杂时序控制电路方面，CPLD 和 VHDL 更具优越性。为减少开发时间和研发成本，使开发和调试工作更有条理性、更清晰，所有数字逻辑控制电路（如译码电路、供电波形合成、GPS 同步控制、A/D 转换、逆变器控制及 LCD 显示器控制）全部基于 CPLD 和 VHDL 技术实现。基于该方案设计的主要功能模块如图 3－9 所示。图中的虚线方框表示实现某一特定功能的单元电路，单元电路功能采用 VHDL 语言编写。

基于 CPLD 和 VHDL 技术的硬件设计方案，实现了“硬件软化”功能。由于 CPLD 器件具有在系统可编程的特点，因此对硬件功能的升级就像软件升级一样，只需修改程序中相应功能的 VHDL 代码，重新进行编译，并对 CPLD 器件进行系统编程，就可完成对系统硬件的功能升级，这为硬件功能的后期改进和完善提供了充足的空间。

同样，由于 CPLD 的在系统可编程特性，在电路调试、修改设计及排错时，不需要改变电路的硬件，避免了因排错而不得不割电路板的麻烦，给系统调试、维护和升级带来很大便利，降低了开发成本。

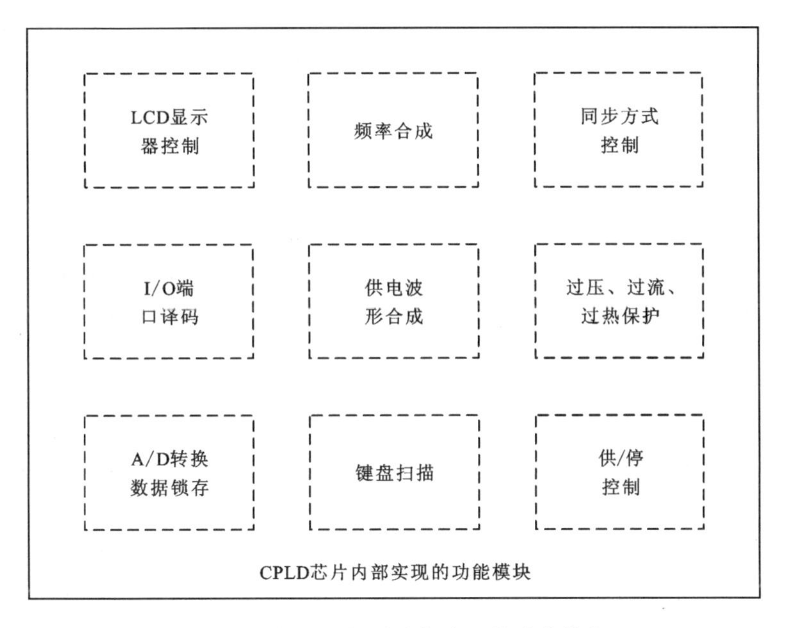

图 3-9 CPLD 芯片内部实现的功能模块

第二节 接收系统研制

相位激电接收系统的改进工作，主要体现在以下方面：采用 X86 核心模块作为系统的主控单元，在兼顾系统控制功能实现的同时，具备较强的数据处理能力，实现接收机控制、数据采集和数据处理功能的高度集成。接收机设计实现开机自检功能，保证系统工作可靠。采用 CPLD 技术，实现系统的高集成度和高可靠性，同时还可完成系统功能的现场更新。采用高灵敏度的 GPS 接收芯片，提高了接收 GPS 信号的抗遮挡能力，实现高精度同步。系统中设计有完善的通道增益与通道相位标定功能，提高系统的测量精度。采用高速 24 位 AD 和数据缓存技术，实现高速、宽带、大动态信号的数字化。采用锂离子电池、开关电源技术及电源电压监测技术，降低系统体积和重量，实现电池电压的自动监测与报警。采用电路板优化设计和屏蔽技术，可有效降低系统背景噪声。系统控制软件采用模块化结构设计，可方便软件的调试修改和升级。

下面对相位激电接收机涉及的关键技术进行论述。

一、射频信号抑制与输入保护

接收机工作时受到的强干扰主要有：①超过系统带宽的天然场信号（特别是射频信号，这类信号经过前置放大电路后，以直流偏移的形式影响测量结果）；②强度很大的冲击信号（这类信号表现为强度很大，瞬间导致前置放大电路进入饱和状态，无法工作）；③工频干扰信号等。本节重点介绍射频信号和冲击信号的抑制以及系统输入保护方面所采取的技术。

天然场信号是宽带信号，其频率范围很宽，超过系统通带的信号特别是远高于系统通带的射频信号通过接收电极进入系统，经系统前放整流后以直流偏移的形式表现出来，严重影响接收机的电位测量精度。

冲击信号表现为能量强大、持续时间短，一般持续时间为几毫秒以内，幅度在几伏到几百伏之间。如果不加处理，使得冲击信号直接进入系统，轻则使系统的模拟通道进入深度饱和状态，需要很长时间才能恢复正常工作，重则将对系统的性能造成不可逆转的损坏。

因此，在系统改进中对射频信号的干扰和冲击信号的抑制进行了重点研究，开发了如图3-10所示的处理电路，较好地解决了上述问题。该电路的工作原理如下。

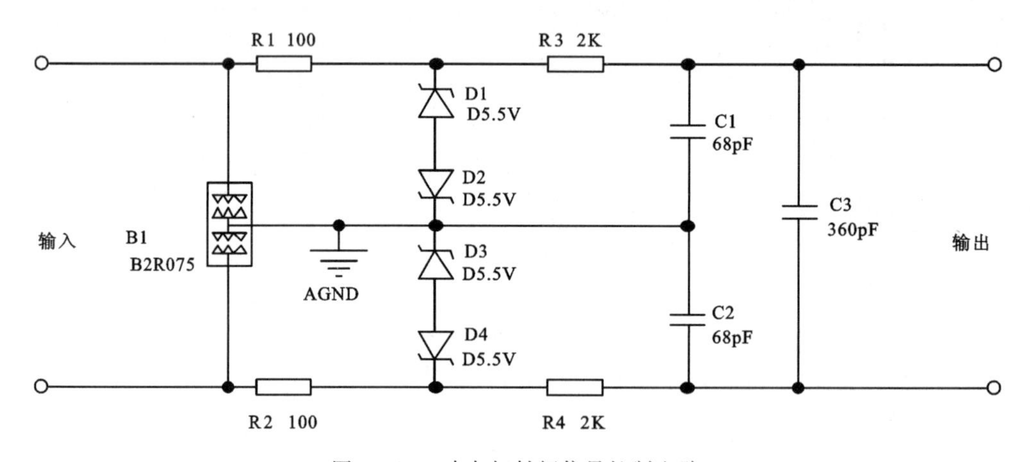

图3-10 冲击与射频信号抑制电路

(1)输入信号中有幅值绝对值大于75V的冲击信号时，则放电管B1开始工作，经过B1吸收后可以保证后面电路的信号幅度小于75V。

(2)R1、D1、D2以及R2、D3、D4组成±5.5V峰值抑制电路，其中R1、R2用于限制电路工作电流，D1、D2、D3、D4用于限制输入电压。当输入信号的幅值超过5.5V时，电路开始工作，将高于5.5V的信号限幅于5.5V，保证输入到后级电路的信号幅度不超过系统允许的电压范围，从而保证系统在过压情况下安全工作。

(3)R3、R4、C1、C2、C3组成射频抑制电路，其中R3、R4、C1、C2组成共模抑制电路，R3、R4、C3组成差模抑制电路，共模转折频率近似为1MHz，差模转折频率近似为220kHz，共模转折频率近似为差模转折频率的5倍。电路如此设计，主要因为两组共模抑制电路由于存在匹配误差，会使两输入端相位相同的共模干扰信号转换为相位不同干扰信号，而该信号将直接作为差模信号输入系统会影响测量精度。通过上述设计后，当干扰频率大于220kHz时，将被差模抑制电路有效抑制；当共模信号频率小于220kHz时，由于此时频率远低于共模抑制电路的转折频率，不足以产生有效相位误差，因此不会干扰输入信号。该RCD输入网络在系统通带上限(32kHz)的共模输入阻抗近似为74kΩ，差模输入阻抗近似为14kΩ。

经上述电路处理后，输入的宽带信号就被调理成了去掉冲击信号和射频干扰信号的带宽小于 220kHz 的信号，为系统后续电路的处理和转换创造了条件。

二、相位激电测量中的同步相关检测技术

相位激电测量的信号与天然电磁场信号相比，特点十分明显。待测有用信号的幅度虽然有可能小于天然场信号或人文干扰信号，但有用信号周期固定可重复，根据这一信号特点，系统中采用了同步相关检测技术。同步相关检测技术可以从强干扰背景下有效地检测出微弱的有用信号（石加玉等，2021）。

所谓同步相关检测技术是指：将与被测信号同步的标准信号作为参考信号，从实测的时间域序列中检测出有用信号的实部和虚部，根据实部和虚部的大小计算出待测信号的幅值和绝对相位。该技术的关键是保证参考信号与被测信号的同步，只有保证同步才能准确测量待测信号的绝对相位。

接收系统中采用的同步相关检测技术原理框图如图 3－11 所示。同步相关检测技术的工作原理如下。

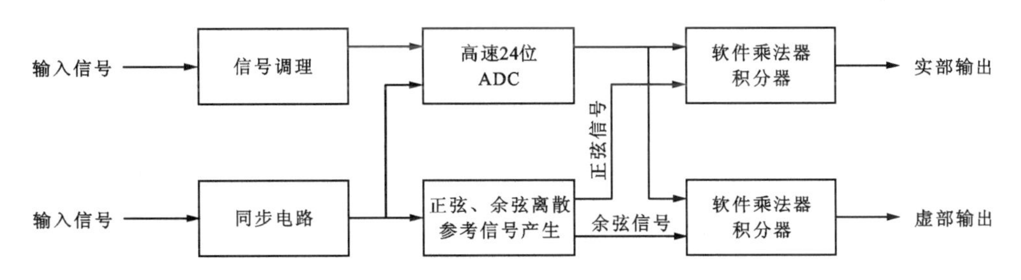

图 3－11 同步相关检测技术原理框图

（1）同步电路在同步触发信号控制下，产生同步检测电路工作需要的同步控制信号，同时将同步信号传递给模数转换电路和参考信号产生电路。

（2）待测信号经信号调理后调整为具有一定幅度、有限带宽模拟信号，模数转换器在同步信号控制下完成对待测信号的模数转换，将待测模拟量转换成按一定间隔输出的离散时间域数字序列。

（3）参考信号产生电路在同步信号控制下，产生与模数转换电路等间隔的正弦、余弦同步参考数字信号流。

待测离散时间域数字序列与参考数字信号流在软件乘法器和积分器中完成相关检测，输出待测信号的实部和虚部，根据实部、虚部值计算出待测信号的幅值和相位。计算公式如下。

信号幅值计算公式为

$$V_A=\sqrt{V_R^2+V_I^2} \tag{3-4}$$

信号绝对相位计算公式为

$$\varphi=\arctan\left(\frac{V_{\mathrm{I}}}{V_{\mathrm{R}}}\right) \tag{3-5}$$

式中：V_A 为待测信号幅值；φ 为待测信号的绝对相位；V_R、V_I 为待测信号的实部、虚部。

该技术可以在强干扰背景下准确提取周期性的弱信号，其性能要远远超过普通模拟信号测量技术。

三、高精度同步技术

高精度同步技术是相位激电系统中实现干扰信号剔除、弱信号同步相关检测和绝对相位测量的技术基础。因此，提高系统同步精度对于系统功能的实现至关重要。

对比现有的几种同步技术（无线电同步、有线同步、晶体同步、GPS同步等）得出，无线电同步易受地形等条件影响，不宜用于远距离同步；有线同步由于受同步线的限制，也不宜用于远距离同步；晶体同步不受遮挡影响，不受同步距离限制，但存在同步误差累积的缺点；GPS同步具有同步精度高、没有误差累积的特点，随着GPS接收技术的不断提高，其信号接收灵敏度也越来越高，使得GPS接收的抗遮挡能力明显提高。接收系统中采用了高灵敏度的GPS接收芯片LEA-5T，其接收灵敏度高达－160dBm，几乎不受遮挡影响。

综合上述几种同步技术的优缺点，结合当今技术的发展趋势，系统中采用了GPS同步方式来产生高精度的同步信号。GPS同步电路原理如图3-12所示。

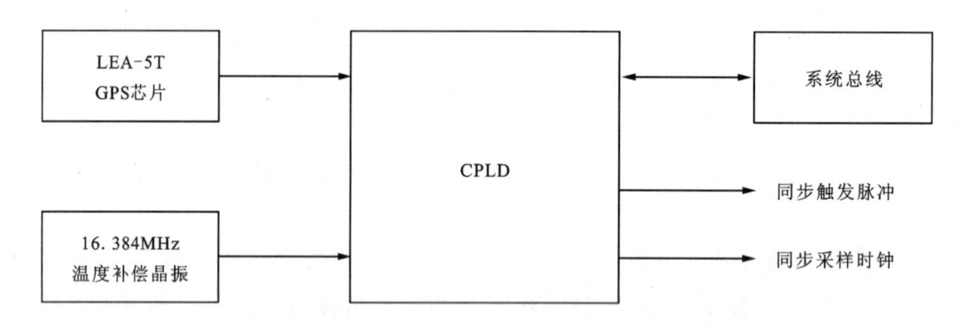

图3-12　GPS同步电路原理框图

电路工作原理为：温度补偿晶振产生频率为16.384MHz、稳定度为10^{-7}的稳定频率信号，虽然此频率十分稳定，但由于温度补偿晶振在生产时存在离散性，以及它在连续工作时频率特性会出现老化等问题，致使其输出频率会有微小的漂移，因此我们采用以GPS的PPS产生同步触发脉冲，用GPS的PPS和温度补偿晶振输出频率相与后产生同步采样时钟。同步电路工作时序如图3-13所示。

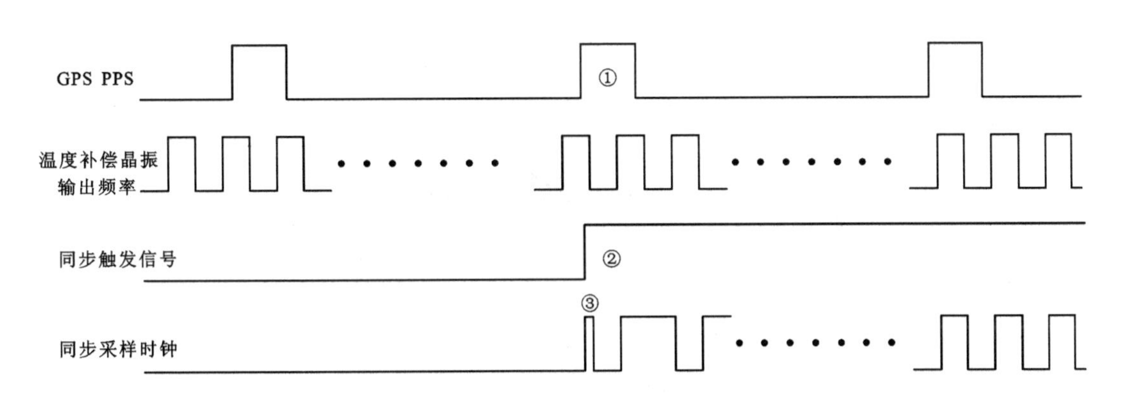

①GPS 同步时间　②同步触发时刻　③由温补晶体产生的同步误差

图 3-13　同步电路工作时序图

第四章 相位激电电磁耦合校正

激电相位测量的是总场，优点是可以获得较强的信号。但无论采用什么装置类型，电磁耦合干扰都是难以避免的，特别是在低电阻率覆盖区，电磁耦合非常强，以至于激电响应“淹没”其中无法辨别。为了保障资料的可靠性，必须有效地消除电磁耦合干扰。

在我国，罗延钟(1980)提出在变频法中采用多频观测的频散率去消除电磁耦合干扰；王书民和雷达(2002)根据均匀大地条件下电磁耦合响应特性，提出了利用电阻率和相位进行激电相位去耦的单频去耦法；何继善等(2008)根据电磁耦合存在的时间特性提出了斩波去耦方法；战克和朱宝汉(1981)、刘崧(1998)等也对电磁耦合的校正做了深入研究，提出了不同的去耦方法。国外在激电相位去耦方面仅见 GDP 工作手册中记述的，利用 3 个频率相位值进行去耦的三频去耦法。下面从电磁耦合的产生及影响，电磁耦合的频率特性和两频电磁耦合校正方法进行介绍。

第一节 电磁耦合的产生及影响

当存在电磁耦合效应时，就会影响到测量电极测量的相位，图 4-1 是中梯装置下某一测点上实测得到的不同频率相位激电波形。从图可见，该波形与图 2-1 的相位测量波形明显不同，电磁耦合导致观测波形产生严重畸变，电磁耦合效应远超激电效应。图 4-1 显示，

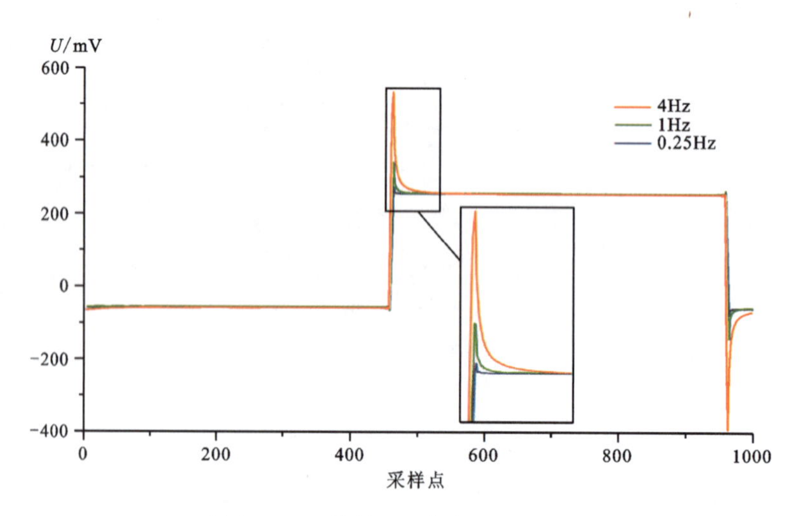

图 4-1 中梯装置相位激电实测波形

电磁耦合产生于电流换向的瞬间，表现形式为过冲，即电流换向瞬间测量电极间的电压超过测量电极间一次场电压，这时测量电极间总场电位差超前于供电电流相位，供电频率越高相位超前越多，产生的过冲越大，持续的时间越长。

电磁耦合是供电导线、测量导线和大地间的互感和自感所造成的，从 Sunde(1968)给出的均匀大地地表接地供电导线和测量导线间电磁耦合阻抗的理论公式可以看出，对相位电磁耦合存在影响的参数包括：发射和接收的相对位置、发射极距、观测频率、均匀大地电阻率，这些参数决定了电磁耦合的强弱。

根据 Sunde 的均匀大地地表接地供电导线和测量导线间电磁耦合阻抗的理论公式，可计算出不同模型中梯装置纯电磁耦合相位。

图 4-2～图 4-4 是根据不同模型参数计算出的均匀大地电磁耦合相位对比图。纯激电相位为负值，激电效应越强相位绝对值越大，为方便异常对比，成图时均将相位值乘以“−1”，使之成为正数(图 2-1b)。中梯装置测得的纯电磁耦合相位均为正数，电磁耦合越强，相位数值越大，为了便于对比，纯电磁耦合相位同样乘以“−1”。

从图 4-2 到图 4-4 可见，电磁耦合强弱与观测频率、大地电阻率和发射极距密切相关；同一测点上，电磁耦合大小与观测频率高低成正比，与大地电阻率大小成反比，与发射极距大小成正比；在测线横向分布上，测线中央比两端电磁耦合影响人。相位激电测量纯激电相位异常值一般为$-n \sim -n\times 10$mrad，而中梯装置下，电磁耦合产生的相位值则可达到$n \sim n\times 100$mrad，可见中梯装置下电磁耦合，对激电相位测量影响非常大。

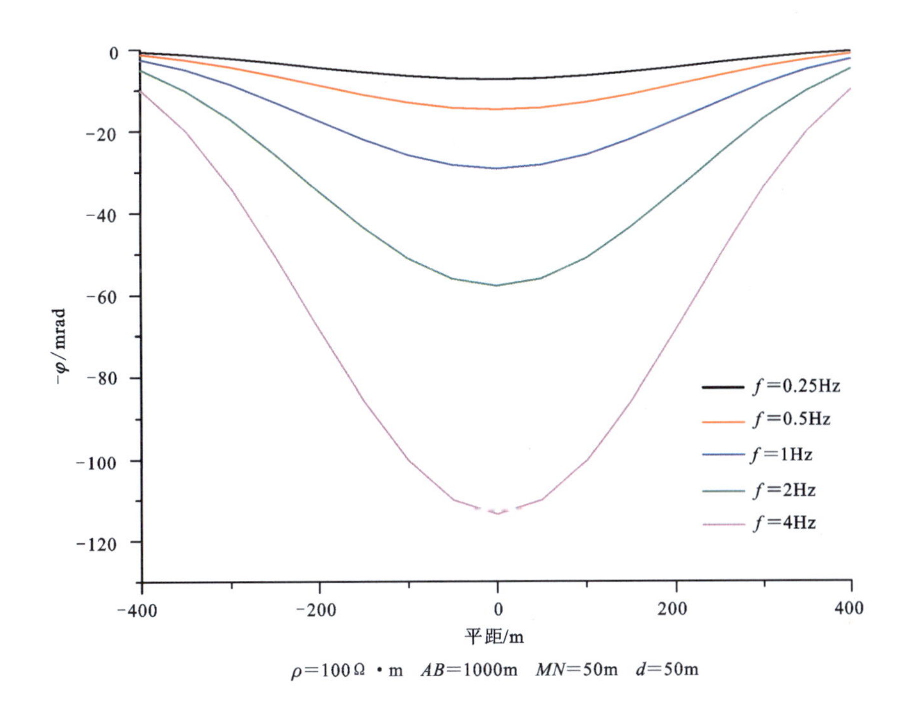

图 4-2 中梯装置下不同观测频率的纯电磁耦合相位图

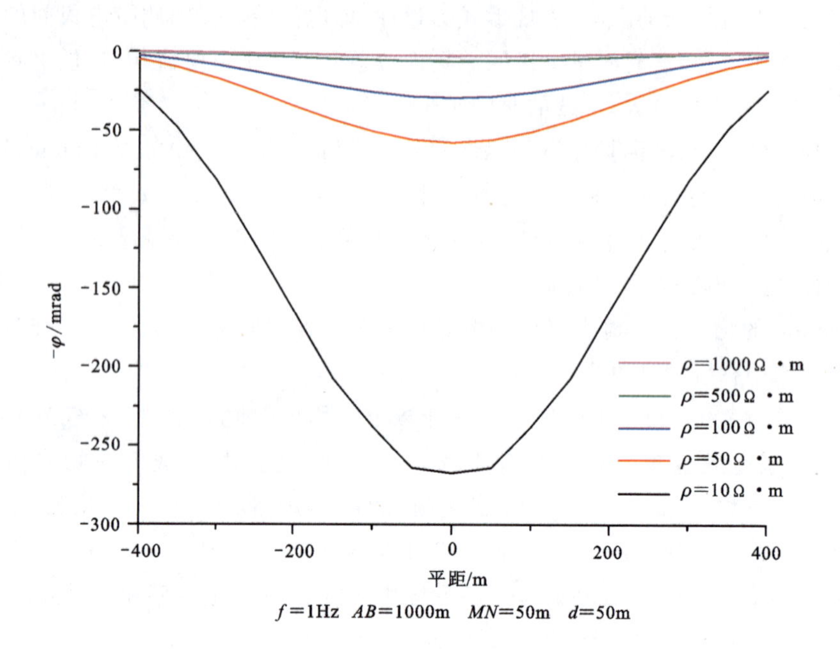

图 4-3 中梯装置下不同大地电阻率条件的纯电磁耦合相位图

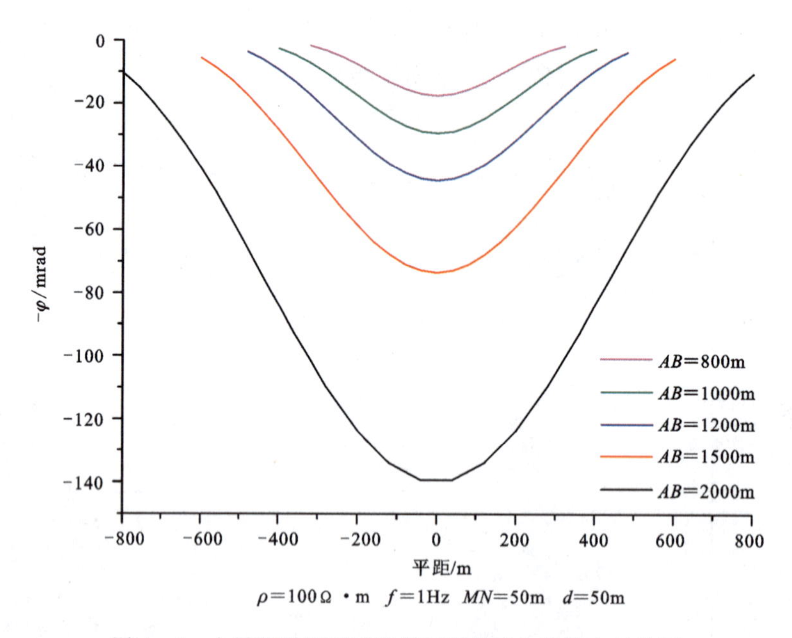

图 4-4 中梯装置下不同发射极距的纯电磁耦合相位图

图 4-5 是实际工作中激电相位受电磁耦合影响的例子。

图 4-5a 为时间域激电视极化率剖面图，测量采用中间梯度，供电周期为 16s，延时为 100ms，采样宽度为 40ms。由于供电频率较低，测量受到的电磁耦合影响很小，曲线基本上反映了地下地质体的激电响应情况。

图 4－5b 则是不同频率下测得的视相位情况，工作中采用同样的中间梯度测量装置，图中视相位值受到电磁耦合的影响，出现了普遍的负值情况，频率越高相位曲线畸变越明显，与图 4－5a 所示时间域视极化率曲线存在明显差异，已经不能正确反映地下地质体的激电信息。

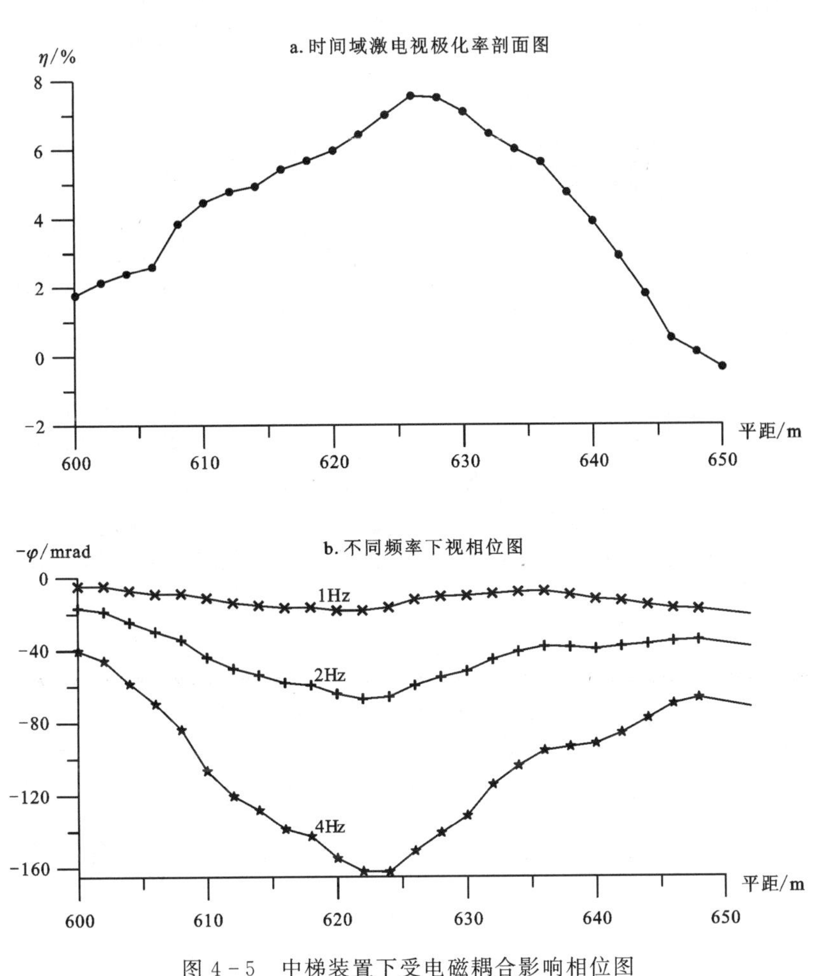

图 4－5　中梯装置下受电磁耦合影响相位图

图 4－6 是正演模拟了偶极-偶极装置下受电磁耦合影响的激电相位测量。在地电模型中，围岩电阻率为 300Ω·m，极化率为 2%；异常体电阻率为 50Ω·m，极化率为 8%。图 4－6a 为纯激电响应的视相位拟断面图，该断面图显示异常为明显的“八”字异常，与地电模型中的异常相吻合。图 4－6b、c 分别是 4Hz 和 8Hz 频率下，既包含激电响应也包含电磁耦合响应的视相位拟断面图。从图可见，存在耦合影响时，“八”字发生了变化，“八”字异常的中心出现了高相位值，特别是随着隔离系数加大，耦合也随之变大，使得在“八”异常两侧背景区的深部也出现了高相位反应，影响了对异常的判断。

通过以上实测和正演模型的计算，发现常用的两种装置类型（中梯和偶极-偶极）都存在明显的电磁耦合现象，并且电磁耦合的强度都随着频率的升高而变大。要想减轻电磁耦合

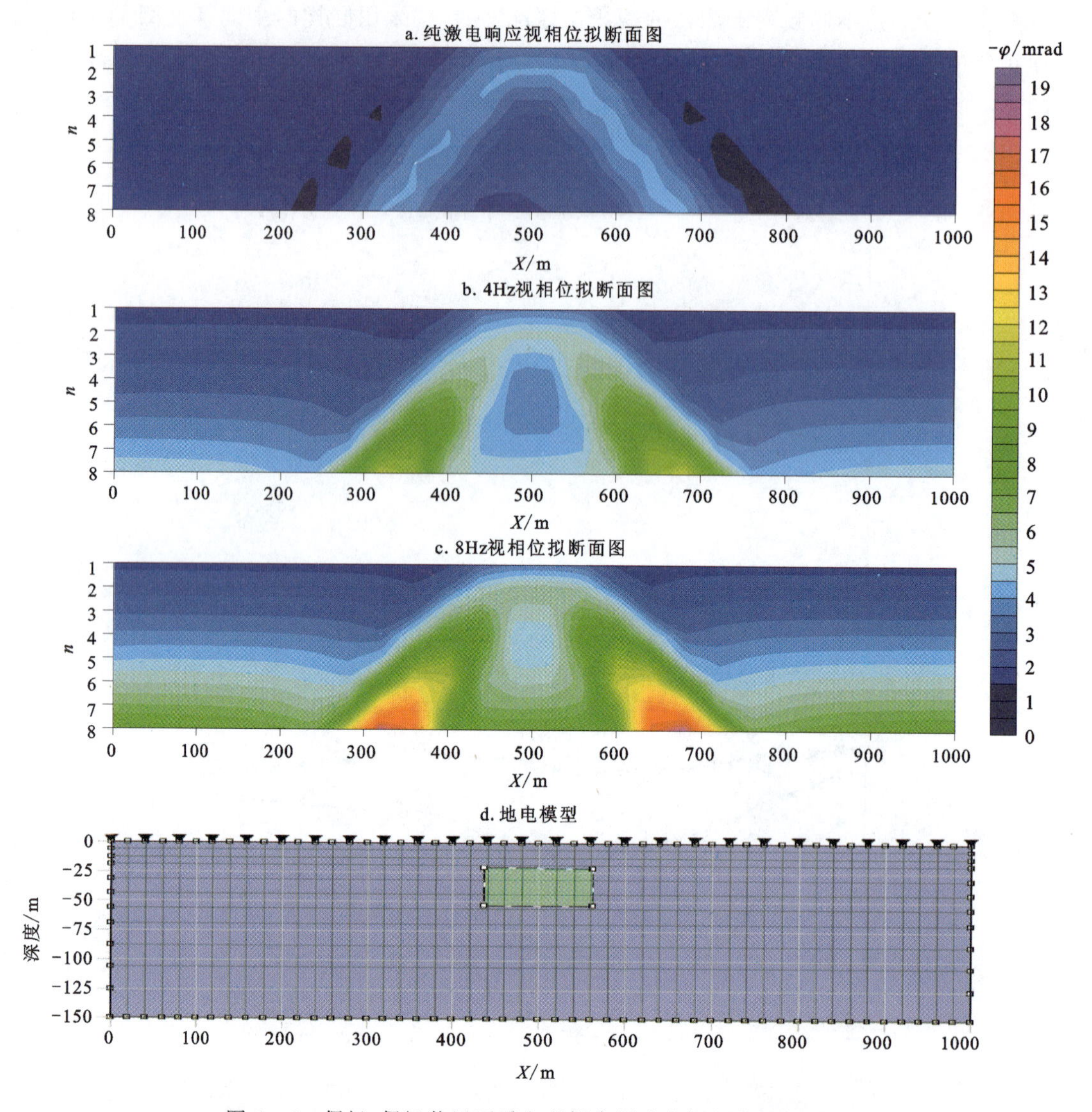

图 4-6　偶极-偶极装置下受电磁耦合影响的视相位拟断面图

现象的影响就只能采用特别低频的频率进行测量，而这势必会大大降低工作效率，因此解决电磁耦合影响对相位激电非常重要。

第二节　电磁耦合的频率特性

假设位于水平均匀大地地表的供电测量装置如图 4-7 所示，图中 dl 是接地供电导线 AB 的一段无限小线元，ds 是接地测量导线 MN 上的一段无限小线元，θ 是这两个线元间的夹角。Sunde 于 1968 年给出了均匀大地地表接地供电导线 AB 和测量导线 MN 间电磁耦合阻抗的理论公式(Sunde，1968)，具体为

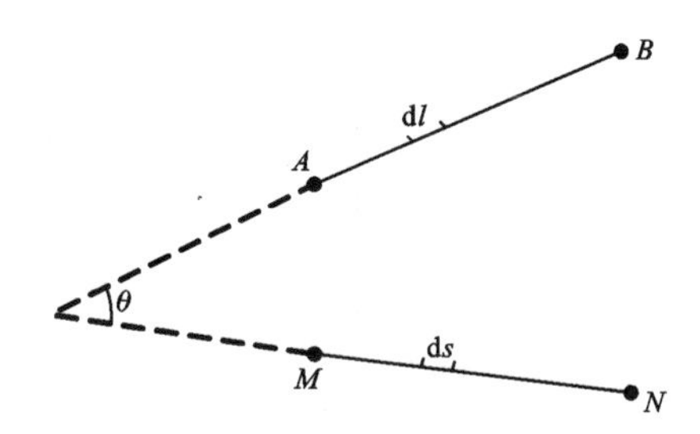

图 4-7 供电测量装置示意图

$$z=\int_{-b}^{b}\int_{-a}^{a}P(r)\mathrm{d}s\mathrm{d}l+\int_{-b}^{b}\int_{-a}^{a}\frac{\partial^2 Q(r)}{\partial s\partial l}\mathrm{d}s\mathrm{d}l \tag{4-1}$$

式中：$P(r)$是纯感应函数；$Q(r)$是接地函数。

将感应函数 $P(r)$按级数展开为

$$\int_{-b}^{b}\int_{-a}^{a}P(r)\mathrm{d}s\mathrm{d}l=A_0+iB_0$$

$$A_0=\frac{|k|^3\rho}{2\pi}\int_{-b}^{b}\int_{-a}^{a}\left[\frac{2}{3!\sqrt{2}}-\frac{3|kr|}{4!}+\frac{4|kr|^2}{5!\sqrt{2}}-\frac{6|kr|^4}{7!\sqrt{2}}+\frac{7|kr|^5}{8!}-\frac{8|kr|^6}{9!\sqrt{2}}+\frac{10|kr|^8}{11!\sqrt{2}}-\frac{11|kr|^9}{12!}+\frac{12|kr|^{10}}{13!\sqrt{2}}-\cdots\right]\mathrm{d}s\mathrm{d}l \tag{4-2}$$

$$B_0=\frac{|k|^3\rho}{2\pi}\int_{-b}^{b}\int_{-a}^{a}\left[\frac{1}{2!|kr|}-\frac{2}{3!\sqrt{2}}+\frac{4|kr|^2}{5!\sqrt{2}}-\frac{5|kr|^3}{6!\sqrt{2}}+\frac{6|kr|^4}{7!}-\frac{8|kr|^6}{9!\sqrt{2}}+\frac{9|kr|^7}{10!}-\frac{10|kr|^8}{11!}+\frac{12|kr|^{10}}{13!\sqrt{2}}-\cdots\right]\mathrm{d}s\mathrm{d}l \tag{4-3}$$

式中：$|k|=\sqrt{\frac{\mu\omega}{\rho}}=\sqrt{\frac{2\pi f\mu}{\rho}}$，$\mu$ 为真空磁导率，$\mu=4\pi\times10^{-7}$ H/m(亨利/米)；ω 为角频率；r 为 $\mathrm{d}l$ 与 $\mathrm{d}s$ 之间的距离；ρ 为均匀大地电阻率。

接地供电线在均匀半空间可由点电源供电的解给出公式

$$C=\int_{-b}^{b}\int_{-a}^{a}\frac{\partial^2 Q(r)}{\partial s\partial l}\mathrm{d}s\mathrm{d}l=\frac{\rho}{2\pi}\left[\frac{1}{AM}-\frac{1}{AN}-\frac{1}{BM}+\frac{1}{BN}\right] \tag{4-4}$$

C 为均匀大地上的直流电阻，则电磁耦合效应相位角为

$$\varphi=\arctan^{-1}\frac{B_0}{A_0+C} \tag{4-5}$$

根据不同的装置类型(图 4-8)，取不同 r、C、积分的上限和下限。

在均匀大地条件下，电磁耦合响应与发射极距、频率、大地电阻率以及接收点与发射点的位置有关。当大地电阻率一定，发射和接收点的位置固定不变，只改变频率，那么电磁耦合的变化只与频率有关。在进行相位激电工作时，工作频率多选择在 0.1～10Hz 之间，在这一频率范围内，电磁耦合随频率的变化规律是讨论的主要内容。

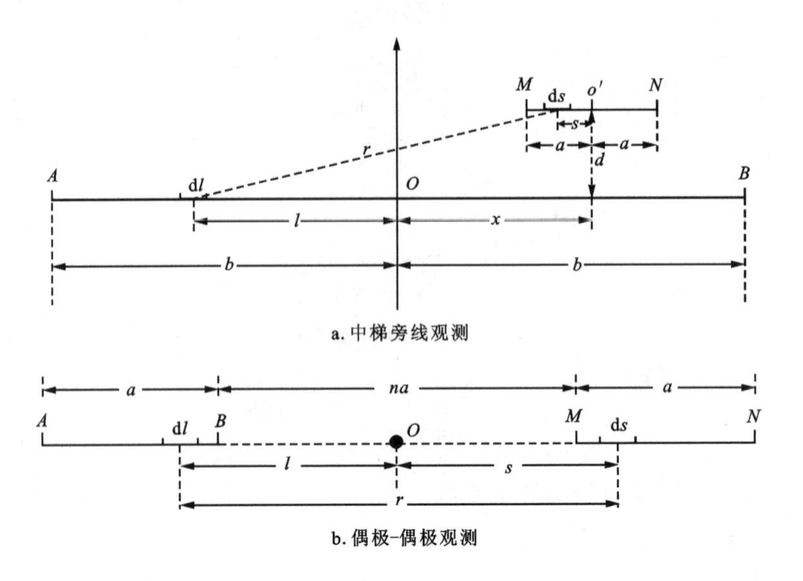

图 4-8 观测装置示意图

一、均匀大地条件下中梯装置电磁耦合频率特性

设定发射距 $AB=1000$m，接收距 $MN=50$m，旁测距 $d=50$m。通过正演计算得到测线中间某一点，对应不同大地电阻率时，频率从 0.1～10Hz 的电磁耦合相位值。

由正演模拟结果曲线(图 4-9)可见，除了电阻率非常低时的高频段部分外，该点上的电磁耦合阻抗相位与频率在双对数坐标系中呈现出近似线性的对应关系，曲线的斜率近似等于 1。

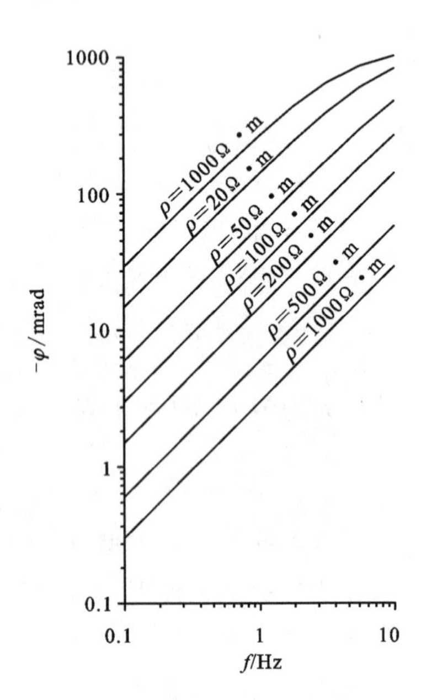

图 4-9 中梯装置正演电磁耦合相位特性曲线

二、均匀大地条件下偶极-偶极装置电磁耦合频率特性

设定发射极距 $AB=100$m，接收极距 $MN=100$m，隔离系数 $n=1$～10 时，正演计算了不同大地电阻率和隔离系数时，频率从 0.1～10Hz 的电磁耦合相位值。

由正演模拟曲线(图 4-10)可以看出，在均匀大地条件下，除了电阻率非常低且隔离系数较大的高频段部分外，该点上的电磁耦合相位与频率在双对数坐标系下呈线性关系，曲线斜率也接近于 1。

从图 4-9 和图 4-10 可以看出，中梯装置和偶极-偶极装置电磁耦合相位的频率特性是相同的。即电磁耦合相位值随频率增加而增大，在双对数坐标系下电磁耦合相位

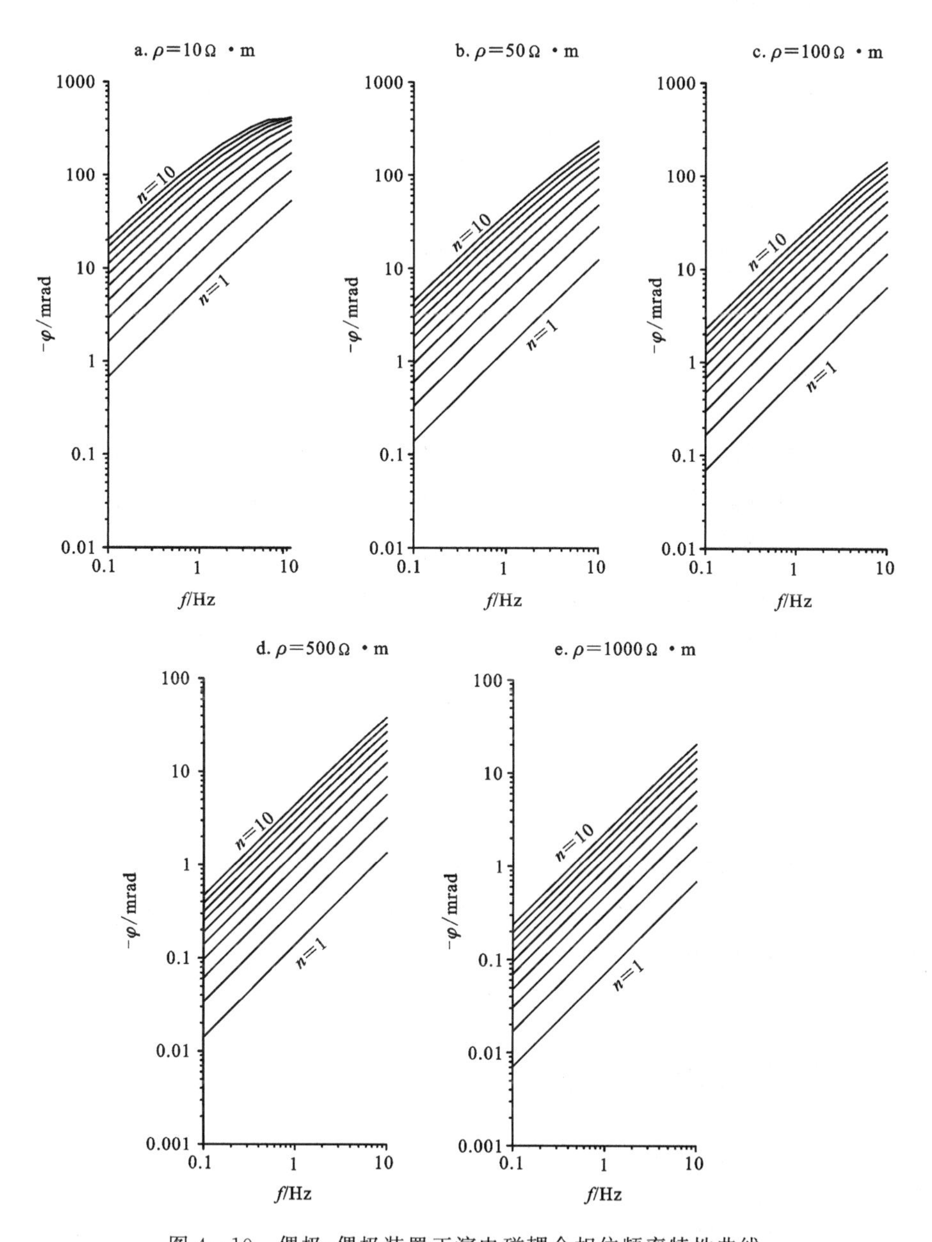

图 4-10 偶极-偶极装置正演电磁耦合相位频率特性曲线

与频率呈线性关系，曲线的斜率近似等于1。因此，在满足线性关系的频率范围内，电磁耦合相位与频率满足关系式

$$\lg\varphi_{\mathrm{gEM}}-\lg\varphi_{\mathrm{dEM}}\approx\lg f_{\mathrm{g}}-\lg f_{\mathrm{d}}$$

即

$$\lg\frac{\varphi_{\mathrm{gEM}}}{\varphi_{\mathrm{dEM}}}\approx\lg\frac{f_{\mathrm{g}}}{f_{\mathrm{d}}} \tag{4-6}$$

则

$$\frac{\varphi_{gEM}}{\varphi_{dEM}} \approx \frac{f_g}{f_d}$$

式中：φ_{gEM}为高频电磁耦合相位；φ_{dEM}为低频电磁耦合相位；f_g 为高频频率；f_d 为低频频率。

第三节　两频电磁耦合校正方法

一、校正方法

在测点上观测高、低两个频率 f_g 和 f_d 的视相位值 φ_G 和 φ_D，这两个相位数据中既包含纯激电效应，又包含电磁耦合效应，因此我们可以将两个相位数据表示为 $\varphi_G=\varphi_{IP}+\varphi_{dEM}$ 和 $\varphi_D=\varphi_{IP}+\varphi_{gEM}$，$\varphi_{IP}$为纯激电响应相位。频率相近时，纯激电响应的相位变化很小，可假定它不随频率变化。要消除电磁耦合，需将 φ_{gEM}和 φ_{dEM}化简掉，由式(4-6)可得，两个频率产生的电磁耦合相位满足$\frac{f_g}{f_d}\cdot\varphi_{dEM}-\varphi_{gEM}\approx 0$。经过简单的变量代换，可得两频观测时纯激电相位的求取公式为

$$\varphi_{IP}\approx(n\cdot\varphi_D-\varphi_G)/(n-1) \tag{4-7}$$

其中，$n=\frac{f_g}{f_d}$。

该校正公式只有在双对数坐标系中，电磁耦合相位与频率之间为线性关系且斜率近似为1时才成立。在电阻率非常低的情况下，高频段附近已经不再满足这种线性关系。所以，正确使用该公式校正电磁耦合，就要根据大地电阻率的情况选择适合的频率组合(郭鹏等，2010)。

二、电磁耦合校正实例

利用两频电磁耦合相位校正公式，对内蒙古某矿区激电相位中梯测量数据进行了校正试验。该测线采用的装置参数为：发射极距 $AB=1500$m，接收极距 $MN=80$m，测点距为40m，测量范围为测线中间 2/3AB，工作频率为 4Hz、2Hz、1Hz、0.5Hz、0.25Hz 五个频率。工作区大地电阻率较低，为 50～200Ω·m。

图4-11中实测相位剖面曲线可见，低频 0.25Hz 时测量受电磁耦合影响较小，曲线形态与校正后的曲线形态基本一致，但在数值上存在大范围负值；0.5～4Hz 受电磁耦合影响随频率增大而变大，出现大范围的负值，且曲线形态明显失真。测线中间部分较两端受到电磁耦合影响大，与模型计算结果相符。

利用两频电磁耦合校正公式，对5个频率实测数据进行了校正。5个频率两两组合进行两频校正计算，共得出10组校正数据，校正结果如图4-11所示。校正后的曲线恢复了正常形态，5个频率得到的校正数据曲线基本重合，具有较好的一致性。

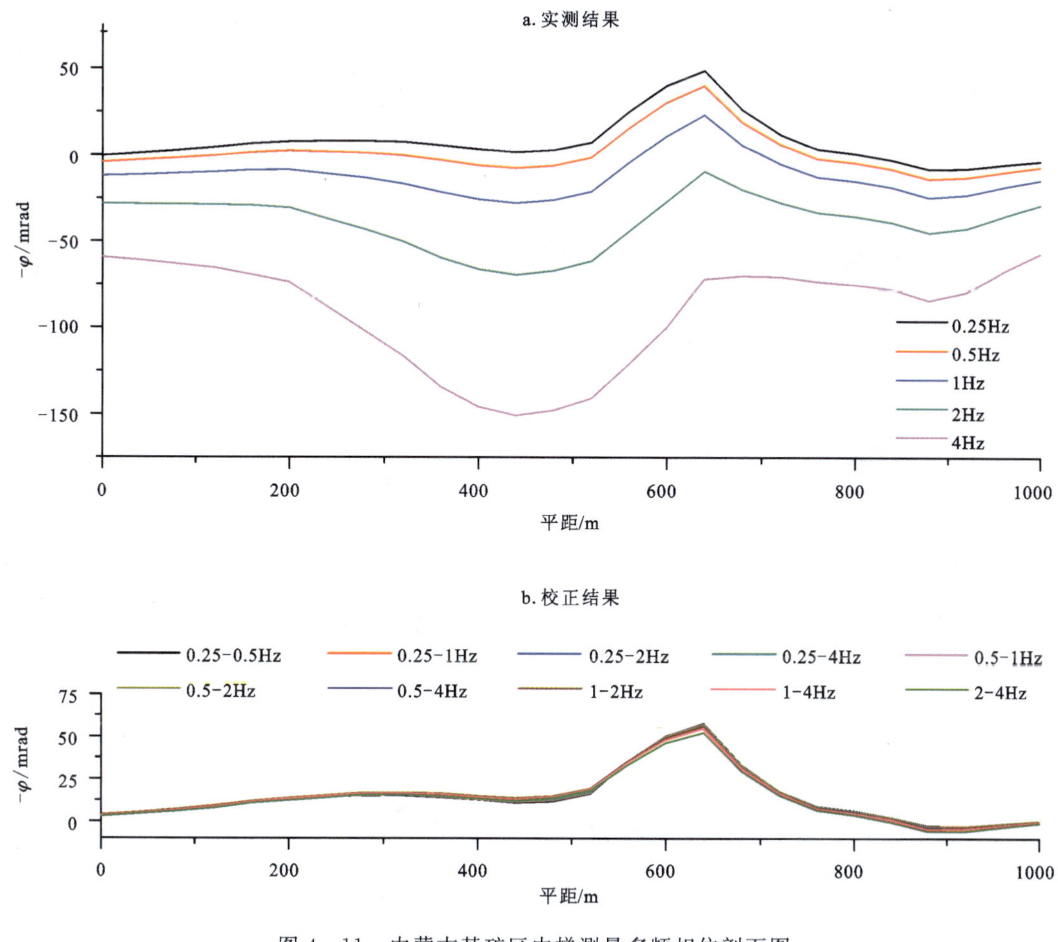

图 4－11 内蒙古某矿区中梯测量多频相位剖面图

偶极-偶极装置中，$AB=MN=80\mathrm{m}$，点距 40m，隔离系数 $n=3\sim8$。工作中共采集了 4Hz、2Hz、1Hz、0.5Hz、0.25Hz 五个频率的激电视相位值，频率越高，电磁耦合越强。为了验证去耦方法的效果，特别选取了 4Hz、2Hz、1Hz 这 3 个受电磁耦合影响最大的频率测得的激电相位值进行去耦对比试验。

从图 4－12a 可见，偶极-偶极装置下的时间域激电视极化率由于不受电磁耦合的影响，测量结果呈明显的“八”字异常。激电视相位去耦前，1Hz 频率的激电视相位数据（图 4－12b）受电磁耦合的影响，异常形态发生变化，在“八”字异常中心位置出现了部分高相位。2Hz 和 4Hz 时，受电磁耦合影响，“八”字异常中心位置和两侧的背景区深部位置出现了明显的高相位（图 4－12c、d），异常形态发生了明显的变化。利用式（4－7）将 2Hz 和 4Hz 的视相位数据进行两频去耦后，电磁耦合影响得到明显改善（图 4－12e），拟断面图的“八”字异常得到恢复，视相位数值也明显减小，与三频去耦（图 4－12f）对比，两种去耦的效果基本相同，与时间域激电视极化率异常形态相一致，去耦效果明显。

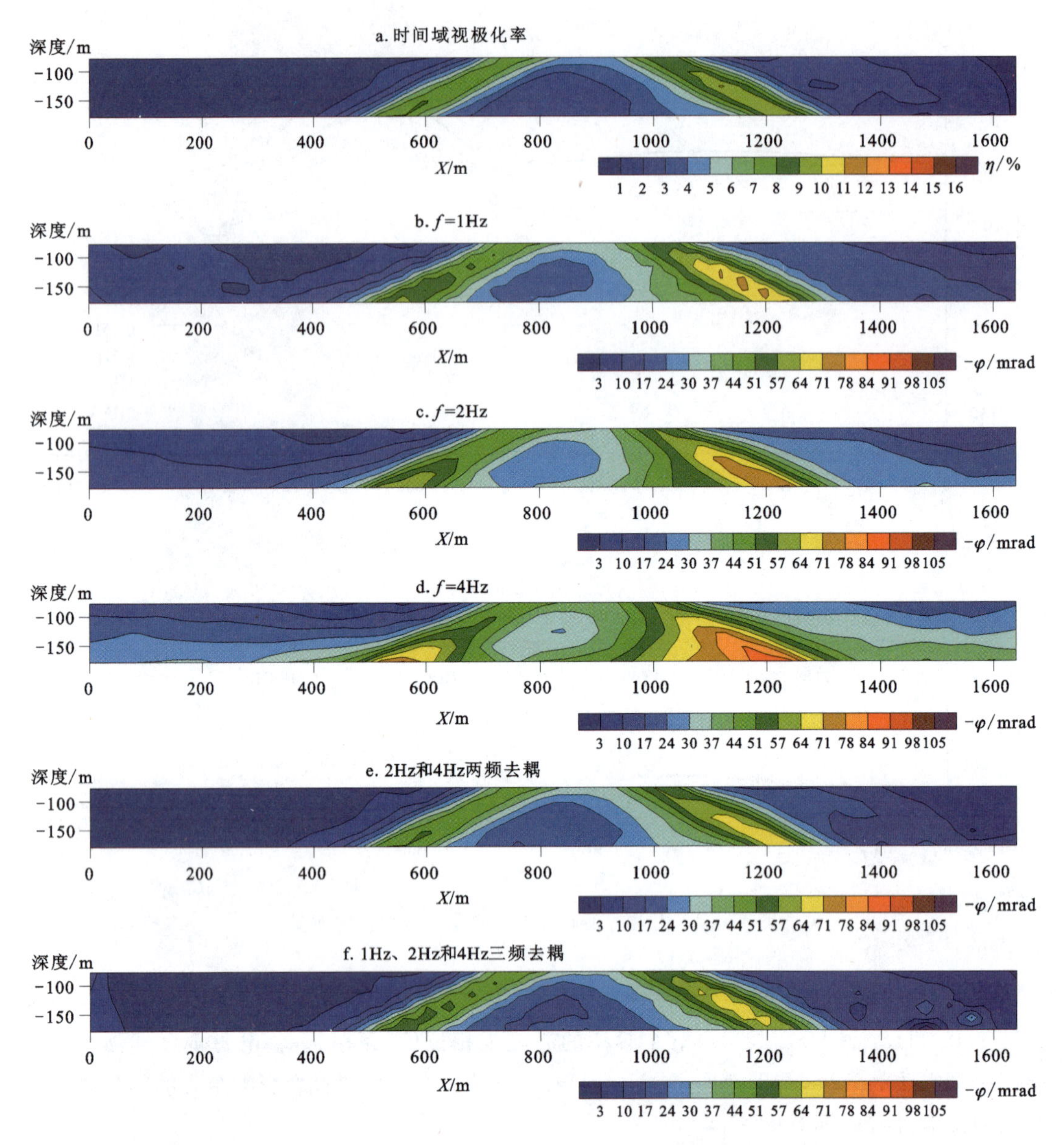

图 4-12　偶极-偶极装置激电视相位去耦实际效果对比图

第五章 相位激电法野外施工

第一节 测区选择

相位激电法主要应用范围为:在矿产勘查中,用于直接或间接找矿;在区域地质调查中,用于划分地层、岩体、构造及蚀变带范围;在水文、工程、环境、灾害地质、考古等调查中,用于探测与其有关的地质目标体。适用条件:目标体与周围介质存在明显的激电效应差异或电阻率差异;目标体有足够的规模,相关的异常信号可以从背景场中分离出来;在存在人文电磁干扰的环境中,观测数据质量能达到设计所规定的工作精度要求。相位激电法野外施工测区选择涉及多个方面,具体如下。

1.地质背景和目的分析

对目标区域的地质背景进行深入分析,了解区域的地质构造、地层分布、岩性特征等。同时明确地质勘探的目的和任务,如寻找矿产资源、研究地质构造、评估地下水资源等。这些分析将为测区选择提供基础数据和依据。

2.地形地貌考察

对目标区域的地形地貌进行考察,了解地形起伏、地貌类型、水系分布等情况。地形地貌对相位激电法的测量效果有很大影响,如平坦地区有利于电极的布置和测量数据的获取,而复杂地形则可能会增加施工难度和误差。因此,在选择测区时,应尽量选择地形平坦、地貌简单的区域。

3.地球物理条件评估

对目标区域的地球物理条件进行评估,包括电阻率、极化率、磁场强度等参数。这些参数对相位激电法的测量效果有直接影响。在选择测区时,应尽量选择地球物理条件稳定、参数变化较小的区域,以提高测量数据的可靠性和准确性。

4.干扰因素分析

分析目标区域可能存在的干扰因素,如电磁干扰、工业干扰、人为干扰等。这些干扰因素可能对相位激电法的测量结果产生不利影响。在选择测区时,应尽量避免干扰因素较强的区域，或采取相应的干扰抑制措施，以减小干扰对测量结果的影响。

5. 测区规划和布置

根据以上分析，确定测区的范围和位置。在测区内，根据地质勘探的精度要求和目标地质体的特征，合理规划和布置测点。测点的布置应均匀、合理，能够覆盖整个测区，并反映目标地质体的特征。同时，应考虑施工条件、设备性能等因素，确保施工顺利进行。

6. 安全评估

对测区进行安全评估，了解测区内可能存在的安全隐患和风险因素，如自然灾害、地质灾害、人为风险等。在选择测区时，应充分考虑安全因素，确保施工人员的安全和设备的完好。同时，应制订相应的安全预案和应急措施，以应对可能发生的安全事故。

7. 可行性分析

综合考虑以上各方面因素，对选定的测区进行可行性分析。评估施工难度、成本、工期等方面因素，确定是否适合采用相位激电法进行勘探。如遇到难以克服的困难或成本过高的情况，应考虑调整测区或采用其他勘探方法。

总之，相位激电法野外施工测区选择是一个综合考虑地质背景、地形地貌、地球物理条件、干扰因素、安全因素和可行性等方面的过程。通过科学合理地选择测区，可以确保相位激电法勘探的顺利进行和测量结果的可靠性。

第二节　工作装置与参数选择

一、偶极-偶极装置

开展相位激电剖面及面积性勘探工作从理论上来讲，电阻率法的所有观测均可用于相位激电法，但由于相位激电为频率域激电法，易受电磁耦合干扰，通过模拟和实际观测，轴向偶极-偶极装置较为适合相位激电法。该装置为短导线工作方式，装置轻便，且与其他装置相比，受电磁耦合效应的干扰最小，除此之外，偶极装置还具有较高的横向分辨力、对覆盖层的穿透能力较强等优点。采用多极距的偶极测深可以很好地获得异常体的空间展布形态。图 5-1 为相位激电法偶极-偶极装置工作示意图。在野外工作时，可根据设计一次布置两个或多个接收装置，一次发射多个同步接收，从而达到探测不同深度目标体的目的。因此，偶极装置常作为频率域激电测量的首选装置。偶极装置的缺点是对于测量时较为复杂的异常形态，常需用多个电极距测量绘制拟断面图，才好对异常进行解释。设计时应注意以下几点。

(1)一般取 $AB=MN=a$，隔离系数 $n=1,2,3,4\cdots$，$OO'=a(n+1)$，O 和 O' 分别为 AB

和 MN 的中点。为增强观测信号，允许采用较大的供电电极距($AB>MN$)。

(2)用于扫面工作时，OO'应根据目标体埋深选择合适的值，应取 $OO'\geqslant 2H$(H 指拟探测地质体顶部埋深)。

(3)a 值通常等于测点距，具体应通过试验确定。

(4)通常取 OO'的中点位置为记录点，向下取 $OO'/2$ 作为视深度。

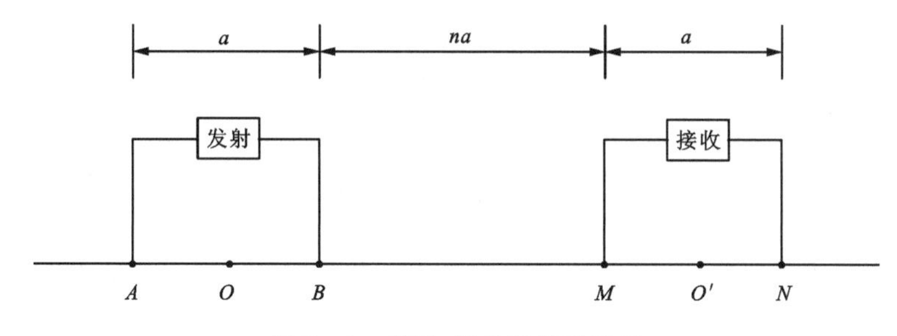

图 5-1　偶极-偶极装置示意图

装置系数 K 的计算公式为

$$K=\frac{2\pi\cdot AM\cdot AN\cdot BM\cdot BN}{MN(AM\cdot AN-BM\cdot BN)} \tag{5-1}$$

式中：AM 为供电点 A 点到测量电极 M 点的距离(m)；AN 为供电点 A 点到测量电极 N 点的距离(m)；BM 为供电点 B 点到测量电极 M 点的距离(m)；BN 为供电点 B 点到测量电极 N 点的距离(m)。

当 $AB=MN=a$，$BM=na$ 时，则

$$K=\pi\cdot a\cdot n(n+1)(n+2) \tag{5-2}$$

二、三极装置

如图 5-2 所示，三极装置勘探深度较大，且由于供电导线垂直于测量导线，所以电磁耦合效应较弱。供电电极 B 在满足“无穷远”极要求的条件下，位置可以任选，因此可以有一个好的接地条件。但本装置工作效率较低，且易受地表极化不均匀体的干扰。电极距选择应注意下述要求：①若以探测地质体顶端埋深 H 为准，则 $AO\geqslant 3H$；②MN 的中点为记录点；③$MN=(1/5\sim1/3)AO$；④“无穷远”极，应垂直测线方向布设，它与最近测线的距离应大于 AO 的 5 倍，当斜交测线方向布设时，它与最近测线的距离应超过 10 倍的 AO。

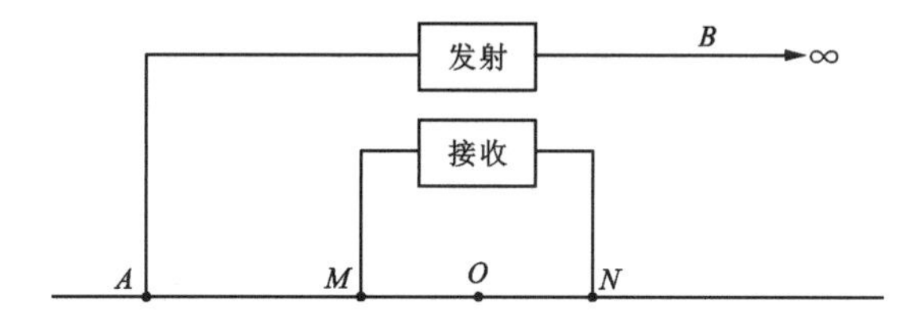

图 5-2　三极装置示意图

装置系数 K 的计算公式为

$$K=2\pi \frac{AM \cdot AN}{MN} \tag{5-3}$$

开展面积性相位激电测量时，为了提高勘探工作效率，可采用中间梯度测量，这种观测装置可在敷设一条供电线的情况下，同时在多条相邻测线开展测量工作，工作效率显著提高。但这种观测装置受电磁耦合影响较大，特别是在测线中间地段，电磁耦合往往会远远超过目标体引起的相位异常，对正确解释推断造成误导。测量时要尽可能降低工作频率，减小电磁耦合干扰，必要时进行电磁耦合校正。

三、工作频率

相位激电测量仪器都具有多频率可选功能，比如中国地质科学院地球物理地球化学勘查研究所（简称物化探所）研制的相位激电测量系统有15个测量频率，分别为128Hz、64Hz、32Hz、16Hz、8Hz、4Hz、2Hz、1Hz、1/2Hz、1/4Hz、1/8Hz、1/16Hz、1/32Hz、1/64Hz、1/128Hz，具体选用哪个频率需根据试验结果确定。若频率选得过高，则受电磁耦合干扰严重；若频率选得过低，则受大地电流的干扰大，且影响野外工作效率。一般野外通常选用的频率范围为0.125～8Hz。在此频率范围内，根据矿物的相频特性，可以通过观测多个频率相位来识别石墨等碳质矿物造成的干扰。

第三节　仪器准备与数据采集

一、仪器准备

同一试验区使用了两台以上接收机，应对仪器进行一致性试验，确保每台仪器误差在规范规定标准内。仪器一致性试验要在每次野外开工前进行，选择电磁干扰小、极化效应变化较大的地段开展剖面测量，测点数不少于30个，测量点应覆盖正常场和异常场地段，各台仪器在相同条件下往返观测，计算每一观测通道的视相位和视电阻率均方误差或均方相对误差，超出设计误差1/2的则视为不合格。计算公式同质量检查公式。

二、数据采集

1.发射系统操作

为保证较高的信噪比，供电电流应尽可能地大。供电电极应采取增加电极数量、浇水等措施减小接地电阻，提高供电电流。特殊地段可采用埋设铝板、铝箔等方法增加供电电极接地面积，减小接地电阻。

相位激电测量的一个关键点就是要进行发射电流的稳流工作，只有进行电流稳流才能保证每次发射的电流波形具一致性，保持发射电流波形相位的稳定，从而提高接收端相位观测准确度。为保证输出电流稳定性，一般供电电流控制在最大可供电电流的80%左右，发射机操作者应监视发射机工作状态，保证供电电流的稳流精度。在发射系统电流稳定性不高的情况下，可采用采集发射机供电电流样的方式计算出每次发射电流的初始相位，然后在计算接收机相位时去除。

2.接收系统操作

接收机操作员应根据观测点噪声水平设定叠加次数，用来压制随机干扰；根据接收信号强度选择合适的放大倍数，压制干扰、突出有用信号。当前随着电子控制技术的不断进步，许多接收机都采用了自动判别信号强度、自动选择放大倍数的方式，从而减轻了操作员负担，提高了工作效率。

在数据采集过程中，每个测点至少采集两个有效数据作为一个有效数据组，每个有效数据组须满足视相位最大值和最小值的差值不超过$\sqrt{2n}\times|\varepsilon|$（$\varepsilon$为视相位的规范规定或设计工作精度，$n$为有效数据组中的数据个数）。

在室内数据整理时，每一组有效数据的算术平均值作为该观测点最终的观测数值参与到后续的数据处理过程。

三、质量控制

质量检查及要求具体如下。

(1)根据生产情况，将检查观测安排在整个野外工作过程中，且在时间、地段上都有一定的代表性。对推断解释、检查验证有关键意义的地段，必须进行质量检查。

(2)检查观测点数占总观测点数的3%～5%。

(3)检查观测在不同的日期进行。

(4)检查观测的结果，按照以下各式计算误差。

视相位≤30mrad时，质量检查结果采用均方误差ε衡量精度，计算公式为

$$\varepsilon=\pm\sqrt{\frac{1}{2n}\sum_{i=1}^{n}(\varphi_i-\varphi'_i)^2} \tag{5-4}$$

式中：φ_i为第i点视相位原始数值；φ'_i为第i点视相位检查数值；n为检查点数量。

在视相位大于30mrad时，视电阻率的均方相对误差m计算公式为

$$m=\pm\sqrt{\frac{1}{2n}\sum_{i=1}^{n}\left(\frac{A_i-A'_i}{\overline{A}}\right)^2} \tag{5-5}$$

其中，$\overline{A}=\dfrac{A_i+A'_i}{2}$

式中：A_i为第i个测点观测的视相位或视电阻率；A'_i为对应第i个检查点观测的视相位或视电阻率；$\overline{A}$为测点观测的视相位或视电阻率的平均值；n为检查点数量。

第六章 相位激电法应用实例

相位激电法通过不同类型矿区的试验工作，检验了方法技术的适用性和有效性。这里针对不同类型的矿区获取方法技术试验的结果，对各种类型或成因及特殊情况和地质背景的矿区下该方法技术的有效性和适用性进行分析总结，从而为方法技术的进一步完善奠定了基础。

地球物理找矿工作是建立在矿体与围岩间的物性差异基础之上的，对于任一矿床类型，要想取得好的找矿效果，首要条件取决于所要寻找的目标地质体与围岩应具有明显的电性差异；第二，电法工作效果的好坏，还与野外测量技术参数（装置类型、供电及接收极距、点线距、供频率等因素）的选取及资料处理与解释手段有关；第三，接地类电法的供电与接收电极必须有良好的接地条件，以保障观测资料的可靠性。下面按不同矿床类型加以分析总结。

第一节 铜多金属矿区

相位激电法对于寻找以铜为主的多金属矿是有效的，但受矿区地质及特殊景观条件的制约，各矿区取得的试验效果有所差异。

一、北京延庆某铜矿区

该矿区为一个夕卡岩型铜矿区，该类型矿体相对品位较高，为富矿体，所以其矿体与围岩（大理岩、石英闪长岩）具有明显的电性差异，这就为该矿区取得良好的试验效果奠定了基础。矿区矿体陡立，横向厚度较薄，地表地形条件复杂并有强工业干扰。在此条件下，相位激电试验工作通过装置类型与技术参数的合理选取，在3号勘探线获得了与已知矿体对应关系较好的高相位与低电阻率异常。

相位激电法采用偶极-偶极装置。该装置为短导线工作方式，装置轻便，且与其他装置相比受电磁耦合的干扰最小，同时偶极装置还具有较高的横向分辨力，对覆盖层的穿透能力较强。采用多极距的偶极测深可以很好地获得异常体的空间展布形态。

图6-1与图6-2分别为多极距阵列式相位激电反演电阻率与反演相位断面图。从图可以看出，在已知矿体部位存在明显的低电阻率与高相位异常，且异常与矿体有很好的对应关系。

在该区复杂地形及强工业干扰条件下，相位激电方法技术试验仍取得了可靠的数据及良好的效果，表明相位激电具观测精度高、抗干扰能力强的特点。

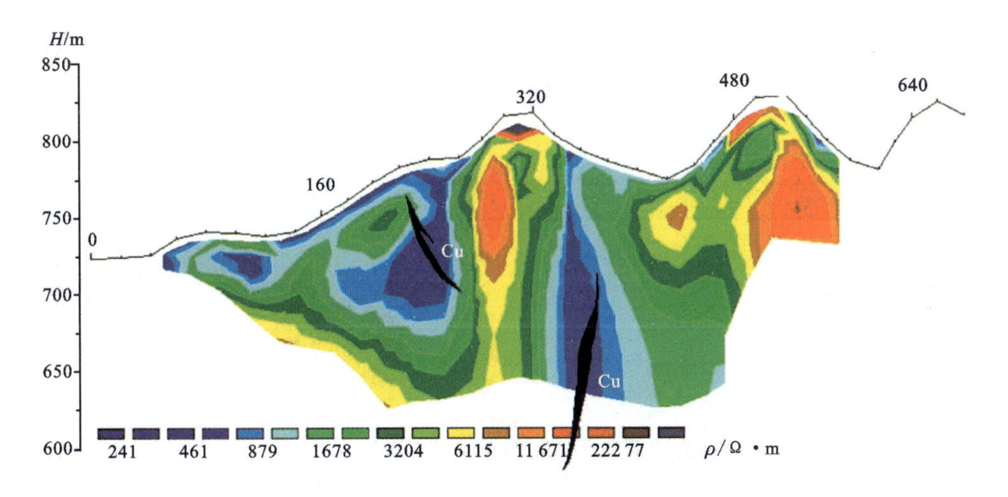

图 6-1 北京延庆某矿区 3 号勘探线相位激电反演电阻率断面图(频率 1/32Hz)

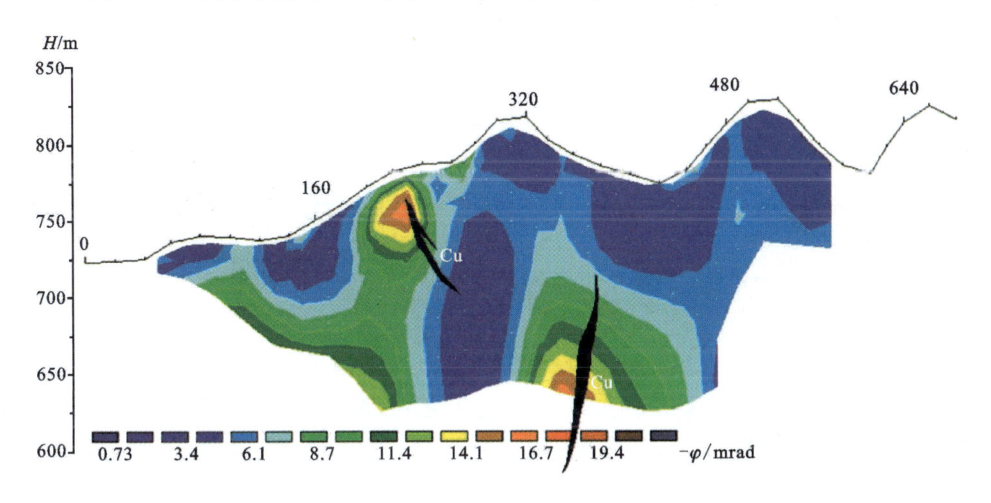

图 6-2 北京延庆某矿区 3 号勘探线相位激电反演相位断面图(频率 1/32Hz)

二、福建永定某铜钼矿区

该矿区是以钼、铜矿为主的多金属矿区，钼矿虽然达到了工业品位，但是由于它含量低，且与围岩的地球物理电性差异很小，因而直接寻找钼矿是相当困难的。由于该工区的钼矿是与黄铁矿伴生的，而黄铁矿具有明显的地球物理特征(高极化率和低电阻率)，因此相位激电对区分黄铁矿与围岩是十分容易的，这样就间接为找寻钼矿创造了有利条件。

15 号勘探线为已知程度最高的一条，有槽探及钻孔控制。图 6-3 为矿区 15 号勘探线相位激电反演断面与地质剖面综合图。图中共给出 4 个已知钻孔，ZK1501 和 ZK1502 是在原来以找铜为主攻方向时期布置的，ZK1503 和 ZK1504 孔是 2004—2005 年为验证相应位置的钼铜异常而实施。在 ZK1501、ZK1503 和 ZK1504 孔控制范围内，由于见矿层位较多，相邻较近，所以在图 6-3 中只是示意性地圈定了几个主要含铜工业钼矿体，有的是将几个见矿层位划定在一起。

从图 6－3 给出的相位激电反演结果可以看出，分别在 340～380 号点、388～420 号点和 500～540 号点存在 3 个异常段。这 3 个异常段的电阻率有些差异，为低至中阻，而相位均呈高值。

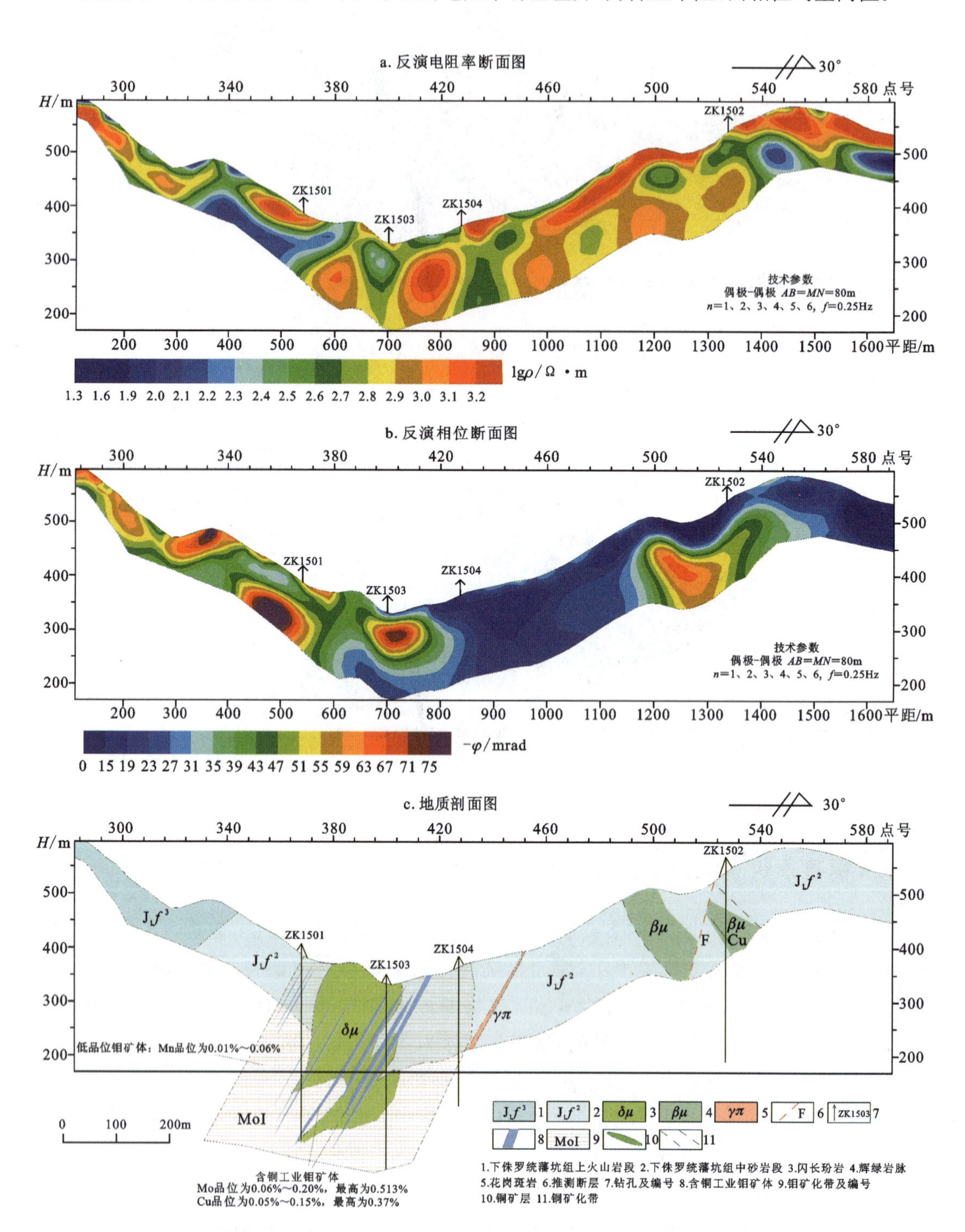

图 6－3 福建永定某矿区 15 号勘探线相位激电反演断面与地质剖面综合图

1. 340～380 号点异常段

本区段的低阻异常最为明显，其反演电阻率值为 100～200Ω·m，反演相位值（$-\varphi$）为 31～75mrad。从异常形态看，此异常往下仍有延伸。ZK1501 孔位于本异常的右边界，该孔在地下 26～66m 深处见到 0.67～2.7m 厚度不等的 6 个含铜工业钼矿层，另外深处几个钼矿层未在相位激电勘探深度范围内。在浅部 26～66m 深处的含矿岩石均呈辉钼矿化、黄铁矿化、绢云母化及硅化；再往深处，自 70～100m 岩石中黄铁矿化成分加强，岩石呈强黄铁矿化、绢云母化及硅化，此深度正好对应反演断面图中该位置低阻高相位异常较为明显的部位。由此推断，此异常段底部 ZK1501 孔左侧的低阻高相位异常应由强黄铁矿化引起。

2. 388～420 号点异常段

本区段为相对低阻及高相位异常，反演电阻率值为 200～1500Ω·m，反演相位值为 31～71mrad。从相位异常形态看，此异常在中上部较强，往下逐渐变弱乃至消失，后经 ZK1503 孔验证，在 0～160m 段见多层斑岩型的辉钼矿体，异常为辉钼矿化、磁铁矿化、黄铁矿化闪长玢岩体引起。据钻探结果，含铜工业钼矿体主要集中在地下 17.91～144m，累计见含铜工业钼矿体 9 个，厚 28.99m，加权平均品位为 0.113%。矿石呈细粒他形片状结构，细脉状、浸染状构造。矿石矿物为辉钼矿、黄铜矿、磁铁矿、黄铁矿，脉石矿物为石英、绿泥石、绢云母。近矿围岩蚀变为黄铁矿化、绿泥石化、钾化、硅化、碳酸盐化等。在矿石品位中，Mo 品位一般为 0.06%～0.20%，单样品位最高为 0.513%；Cu 品位一般为 0.05%～0.15%，最高品位为 0.37%。ZK1504 孔位于本异常的边界外围，它所揭示的只是低品位钼矿体，这与相位激电圈定的异常范围相吻合。

3. 500～540 号点异常段

本异常段呈低阻高相位，反演电阻率值为 200～800Ω·m，反演相位值为 39～63mrad，从异常形态看，本异常向下还有一定延伸。ZK1502 孔揭示该异常为辉绿岩及旁侧的铜矿化所致，矿化带内普遍具有黄铁矿化。ZK1502 孔见铜矿体产于辉绿岩脉中，原岩为黄铜斑铜矿化、黄铁矿化、绿泥石化、硅化碎裂辉绿岩。

从 15 号勘探线异常特征及地质揭露的验证情况看，在本区利用相位激电寻找铜钼矿体，其电性特征应为中低电阻率和高相位异常相结合。因为钼矿体本身为高电阻率，虽区内含铜钼矿层多伴有磁铁矿化和黄铁矿化，但对于电阻率过低区段的异常应考虑主要为黄铁矿化作用所致。

三、海南三亚某铜矿区

该矿区的相位激电工作取得了最为明显的地质效果。该区尽管未采集到具有代表性的铜矿石标本进行电性测定，但从区内获取的相位激电资料表明，工作区内见矿位置的激电异常值与背景区段存在明显的电性差异。本区根据相位激电勘查成果圈定了一条长约1000m、宽330m～560m、总体走向北西的矿化带。在所圈定矿化带内实施的近20个地质揭露钻孔中多个见矿，探得铜矿(化)体7条，铜银共生矿体1条，银矿体1条，金矿化体2条。

图6-4为矿区20号勘探线激电测量与地质剖面综合图。从阵列相位激电反演电阻率断面图可以看出，自剖面的60号点往大号点方向，除60～88号点浅部为高电阻率，其余部位均为中低电阻率，反演电阻率值低于1000Ω·m；在阵列相位激电反演相位断面图中，剖面的80～112号点间有两个近乎水平的高相位异常体存在，一个在中浅部，另一个在中深部，相位异常范围宽、规模大，反演相位值在25～84mrad之间。从图6-4a的时域激电中梯视极化率剖面图中也可以看出，在剖面的80～114号点间，同样存在两个高极化体异常，左侧异常幅值略低，峰值为5%左右；右侧异常范围宽、强度大，峰值近7%。在80～114号点间，激电相位与极化率两个参数所反映的异常有很好的对应关系。

根据ZK2001孔的见矿情况，推断该区间的高激电异常应由金属矿化所引起。随后为验证92～112号点间较大范围的高激电异常，在剖面的98号点施工完成了ZK2002钻孔，该孔共见有3层铜矿(化)体。为探寻ZK2001孔所揭示矿体的延伸情况，之后又在二高激电异常左边界80号点处布置了ZK2003孔。该孔位置未见有高相位及高极化率异常，因此未钻得矿及矿化体。ZK2001与ZK2002两个钻孔在80～112号点的高激电异常段共见9条矿化体，其中7条铜矿(化)体、2条金矿化体，矿体平均厚度为0.93～5.06m，最厚为9.0m，铜矿体中Cu平均品位为0.22%～0.95%。矿物成分主要为黄铁矿、黄铜矿、辉铋矿、铜蓝等，见矿位置与物探异常吻合较好。

四、云南保山某矿区

该矿区为铜、铁、铅锌、金多金属矿区，矿体厚度大、品位高，矿体与围岩的物性差异明显。曾开展的中梯激电显示视极化率异常虽有显示，但变化趋势较为平缓，视电阻率参数受地形影响较大，异常形态较为复杂。

在推测磁性体赋存部位的几个测深点，视极化率曲线在小极距无异常且值很低，在大极距时视极化率曲线升高，形成明显的异常。但受地形、供电装备及工作效率的限制，测深工作只不均匀地完成了几个点，对地下深处电性体的空间展布形态较难给出较为全面的判断。

鉴于上述地质条件及电法工作所存在的问题，首选这一矿体规模较大且已知资料较多的测线进行方法有效性的试验。

图6-5为矿区0号勘探线阵列相位激电反演结果与已知地质资料对比图。从6-5a中看到，矿体最浅的地方在地下280m左右，而阵列相位激电反演电阻率和相位断面图显示，阵列相位激电的最大反映深度为300m左右，刚好接触到矿体的顶部。从反演断面图也可以看到，相位在280m以下深度范围呈现高值异常，这一范围的电阻率表现为中低阻异常，与ZK2钻孔柱状图反映的见矿位置是一致的。后在建议钻孔(ZK0-2)处施工实施钻探，最终在高相位异常处见高品位铅锌矿。

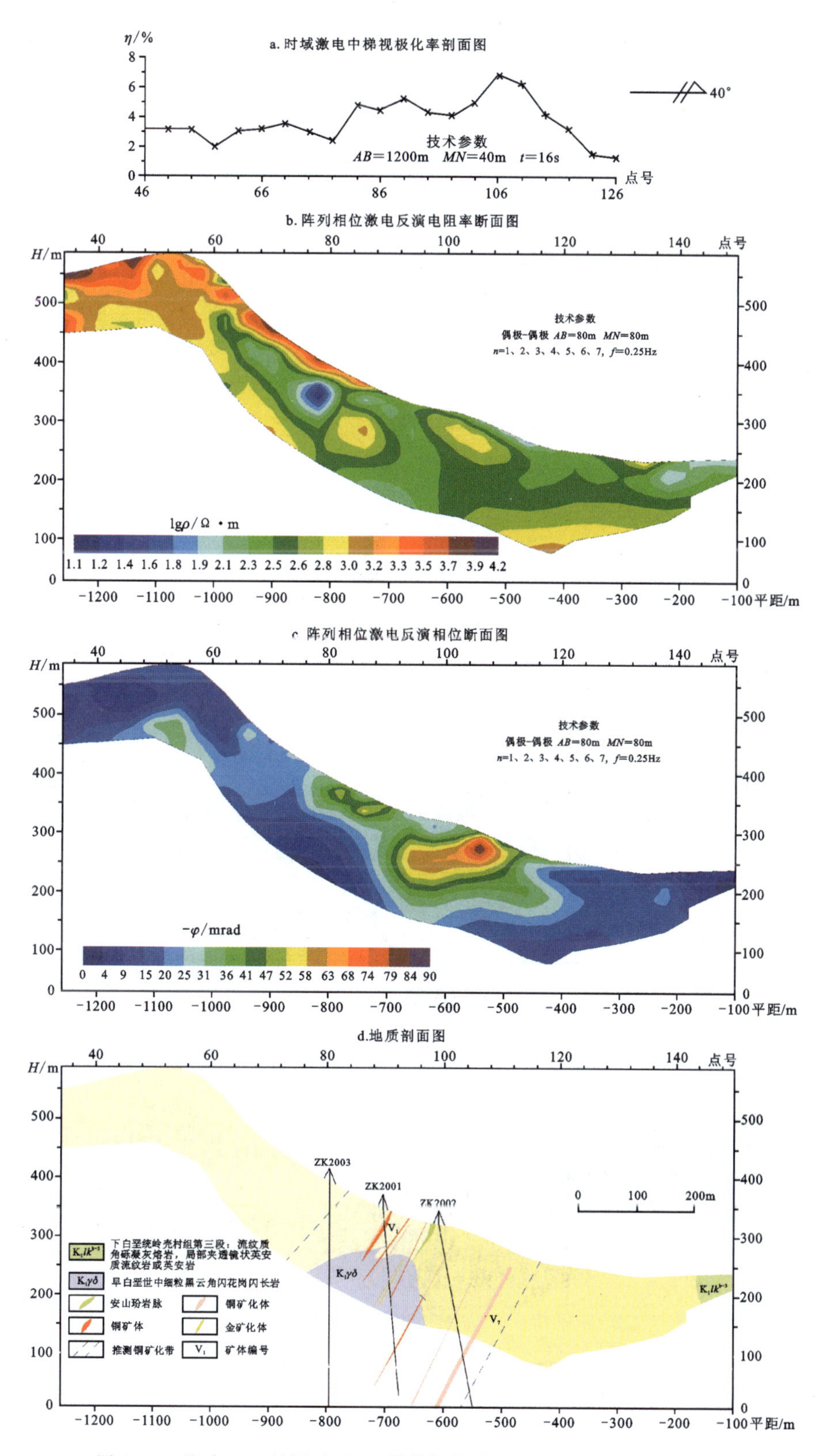

图 6－4 海南三亚某铜矿区 20 号勘探线激电测量与地质剖面综合图

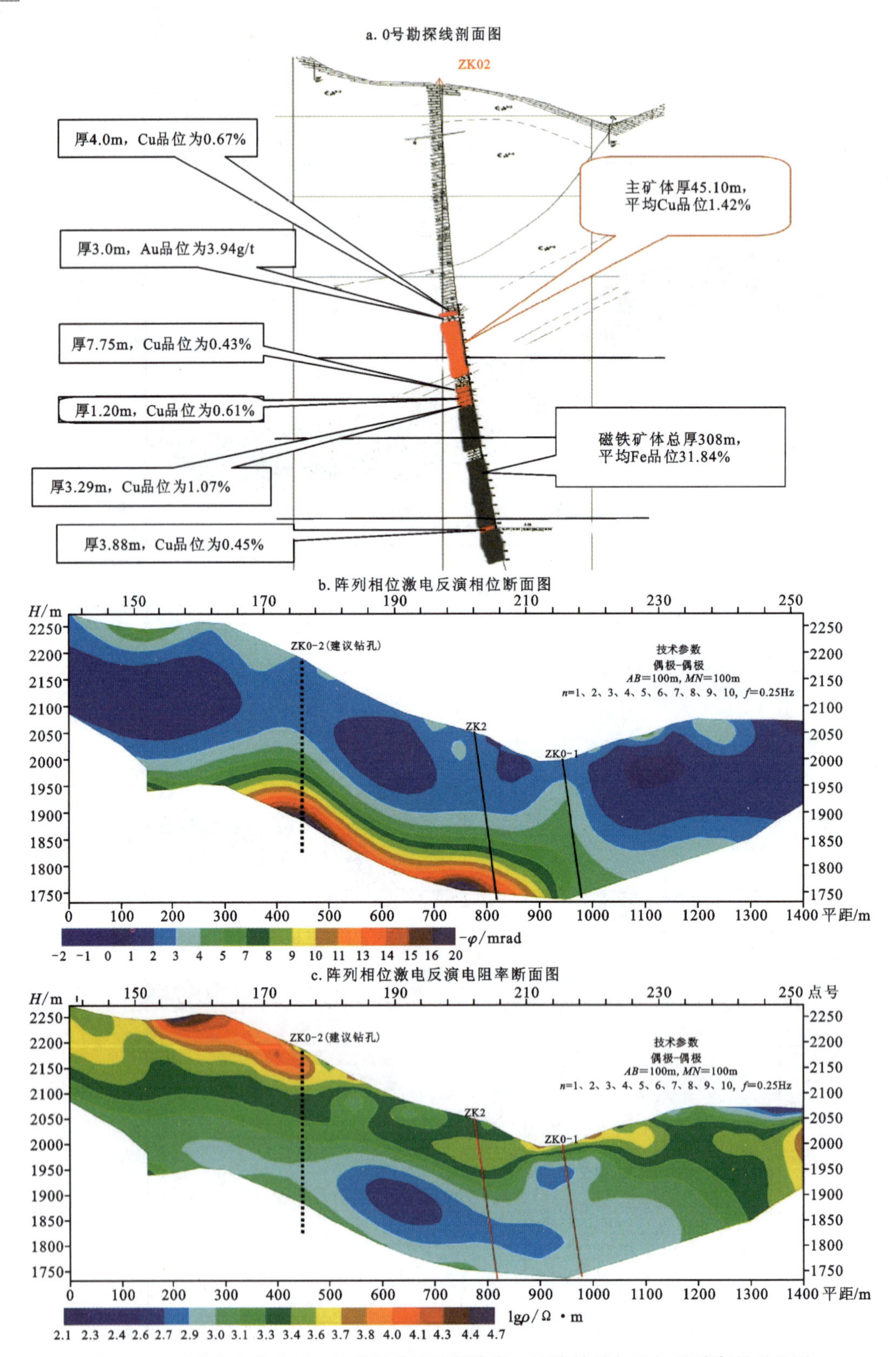

图 6-5 云南保山某矿区 0 号勘探线阵列相位激电反演结果与已知地质资料对比图

五、新疆某铜矿区

经钻孔中标本物性测量显示，矿区岩矿石极化特性分3类：第一类含铜糜棱岩化角斑岩，属铜矿石，极化率在4.3%～5%之间；第二类铜矿化糜棱岩化角斑岩，属蚀变岩，极化率次之，在2.85%～3.18%之间；第三类糜棱岩化角斑岩，属围岩，极化率最小，在1%以下。含矿岩石与围岩存在一定的极化率差异，但是总体看岩石极化率不是很高，属低极化岩石。首先在工区开展了时间域激电测量工作，尝试利用极化率的差异来发现矿致异常。工作装置采用中间梯度，使用仪器为阵列电磁法大功率发射机和多功能接收机，发射极距 AB=2000m，接收极距 MN=40m，点距为40m，发射电流20A，工作周期16s。施工测线选择了138号勘探线和130号勘探线，两条测线矿体均由多个钻孔控制，已知程度较高。

图6-6为两条测线时间域激电视极化率剖面曲线。由钻孔资料已知该区金属硫化物和电子导电类矿物都欠发育，因此两条测线上测得的视极化率值都很低，视极化率曲线平缓，视极化率值均在1.5%以下，138号勘探线最大和最小视极化率差仅为1%左右，130号勘探线最大和最小视极化率差仅为1.5%左右，两条测线的视极化率曲线无明显激电异常，因此很难根据视极化率曲线判断矿体位置。

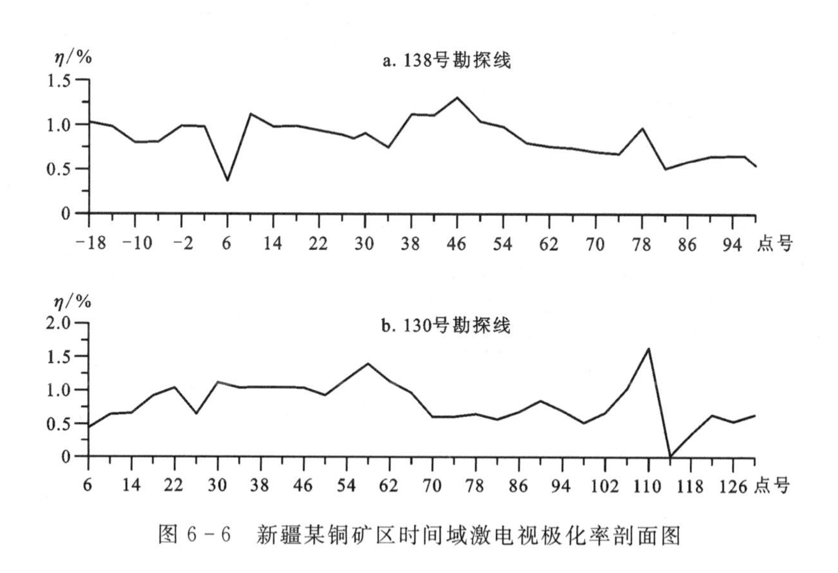

图6-6 新疆某铜矿区时间域激电视极化率剖面图

鉴于此种情况，随后在两条测线上开展了阵列相位激电法的工作，采用偶极 偶极观测装置。138号勘探线发射极距 AB=80m，接收极距 MN=80m，点距为40m，隔离系数 n=1～6；130号勘探线发射极距 AB=40m，接收极距 MN=40m，点距为20m，隔离系数 n=1～8，观测频率为0.25Hz。

图6-7为138号勘探线阵列相位激电法反演相位断面图，反演深度约150m。图中的高相位异常主要集中在36号点和46号点之间，该异常的位置和倾向与钻孔控制的矿体位置和倾向一致，确定为铜矿体引起。反观138号勘探线视极化率剖面图，在36号点和46号

点之间，显示为略高于两侧的视极化率值，但这种差异很小，只有0.2%～0.3%，很难判断该略高极化为矿致异常。

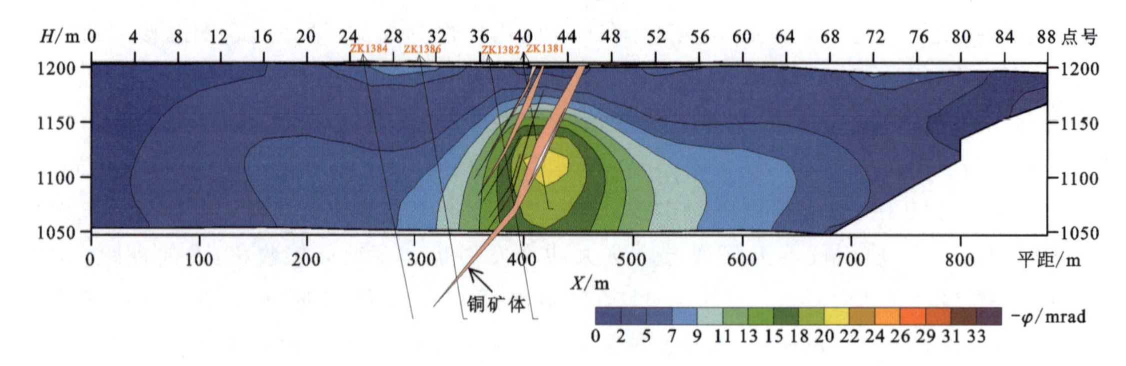

图6-7　138号勘探线阵列相位激电法反演相位断面图

图6-8为130号勘探线阵列相位激电法反演相位断面图，反演深度约100m。图中的高相位异常主要集中在54号点和62号点之间，异常的位置和倾向与钻孔控制的矿体位置和倾向一致。在130号勘探线视极化率剖面图上，54号点和62号点之间，显示为略高于两侧的视极化率值，但这种差异很小，只有0.2%左右，很难根据这么微弱的视极化率差异推断铜矿体的存在。试验表明，与时间域激电视极化率相比，激电相位对弱极化异常有更好的响应能力。在金属硫化物和电子类导体类矿物都不发育的矿区，激电相位能准确定位矿体的位置。

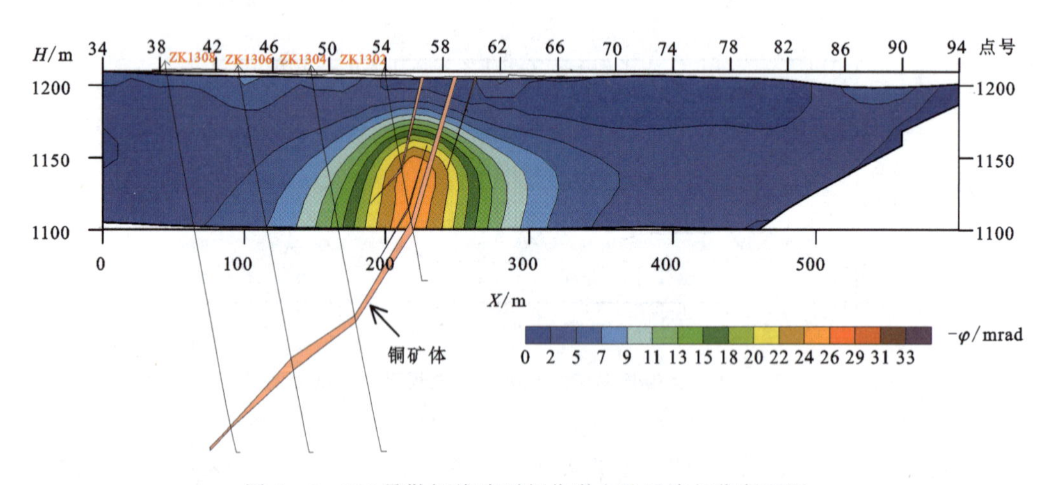

图6-8　130号勘探线阵列相位激电法反演相位断面图

六、西藏某斑岩型铜矿区

该矿区为一斑岩型铜矿区，受矿床成因类型的影响，区内铜矿(化)体引起的激电异常相对较弱，加之本区复杂的地形条件和特殊的地表景观，致使本区开展激电工作难度大、适用性差。但经技术人员的多方努力，该铜矿区最终获得了较为理想的试验效果。

矿区地表基本上被厚厚的一层风化碎石覆盖，碎石大小从几立方厘米到几十立方厘米不等，其厚度可达几米至几十米(图6-9～图6-11)。这给因地处高原地域且地形复杂地区而不易开展的野外勘查带来了更大困难。首先，野外工作行进较难，地形陡峭加之风化碎石覆盖，常常是前进一步、滑退半步；其次，由于地表碎石层的连通性较差，给试验工作中的供电与接收造成很大困难，从而影响其观测质量与工作效率。在适用性如此之差的地区能取得试验效果已实属不易。

图6-9 矿区工作区远眺

图6-10 地表遍布碎石

图 6-11　供电电极布设

0 号勘探线为本区已知程度最高的一条测线，共有 4 个已知钻孔控制，此测线开展了阵列相位激电、时域激电中梯和阵列天然场 AMT 三种方法的试验工作，图 6-12 为 0 号勘探线电法勘查成果与地质解释综合图。从图中可以看出，剖面中共存在两个低阻高极化异常，一个位于 170～228 号点、另一个位于 250～296 号点。

170～228 号点处异常相对较弱，视极化率幅值最大为 5.5%左右，反演相位值为十几至三十几毫弧度，反演电阻率值为 800Ω·m 至几千欧姆米。ZK004 孔与 ZK002 孔分别位于该区段的 196 号点和 216 号点，这两个钻孔见矿情况均不是太好，氧化矿成分较多，ZK002 孔只在地表至 95.5m 深处见到品位较低的氧化矿，往地下深处 Cu 品位极低，反映在电性剖面中，此处地表为低阻，往深部虽有高极化显示，但其电阻率值明显增高，故其含矿性不会太好；ZK004 孔从 85m 开始见孔雀石化，156.38～163.38m 为混合矿化(黄铜矿、孔雀石)且矿化较强，168～189m 黄铜矿化较好，188m 处见辉钼矿化，411～417m 黄铜矿化和辉钼矿化较好，其他为间断性弱矿化。两钻孔矿化均在斑状角闪二长花岗岩中较为明显，而在石英斑岩中不明显，矿化有黄铜矿化、辉钼矿化、黄铁矿化。根据物探异常及钻孔揭露情况，推断该部位存在一个以氧化矿为主的弱矿化带。

250～296 号点间极化率与相位异常明显，相位激电反演电阻率为中低阻异常，阵列天然场 AMT 反演图中该位置也表现为低电阻率异常，推测该段为成矿有利地段。经钻孔验证，位于 254 号点附近的 ZK001 孔深 502m，自地下十几米开始见矿，矿体厚度为 140m，Cu 平均品位为 0.53%，Ag 平均品位为 2.54g/t；ZK003 钻孔所见岩性主要为石英斑岩、黑云母二长花岗斑岩及花岗细晶岩，共见矿层 14 层，最厚达 125m，最薄 1.06m。其中，近地表氧化矿层 67.98～119.52m 为含矿石英斑岩，经取样分析含 Cu 最高品位为 2.71%，平均品位为

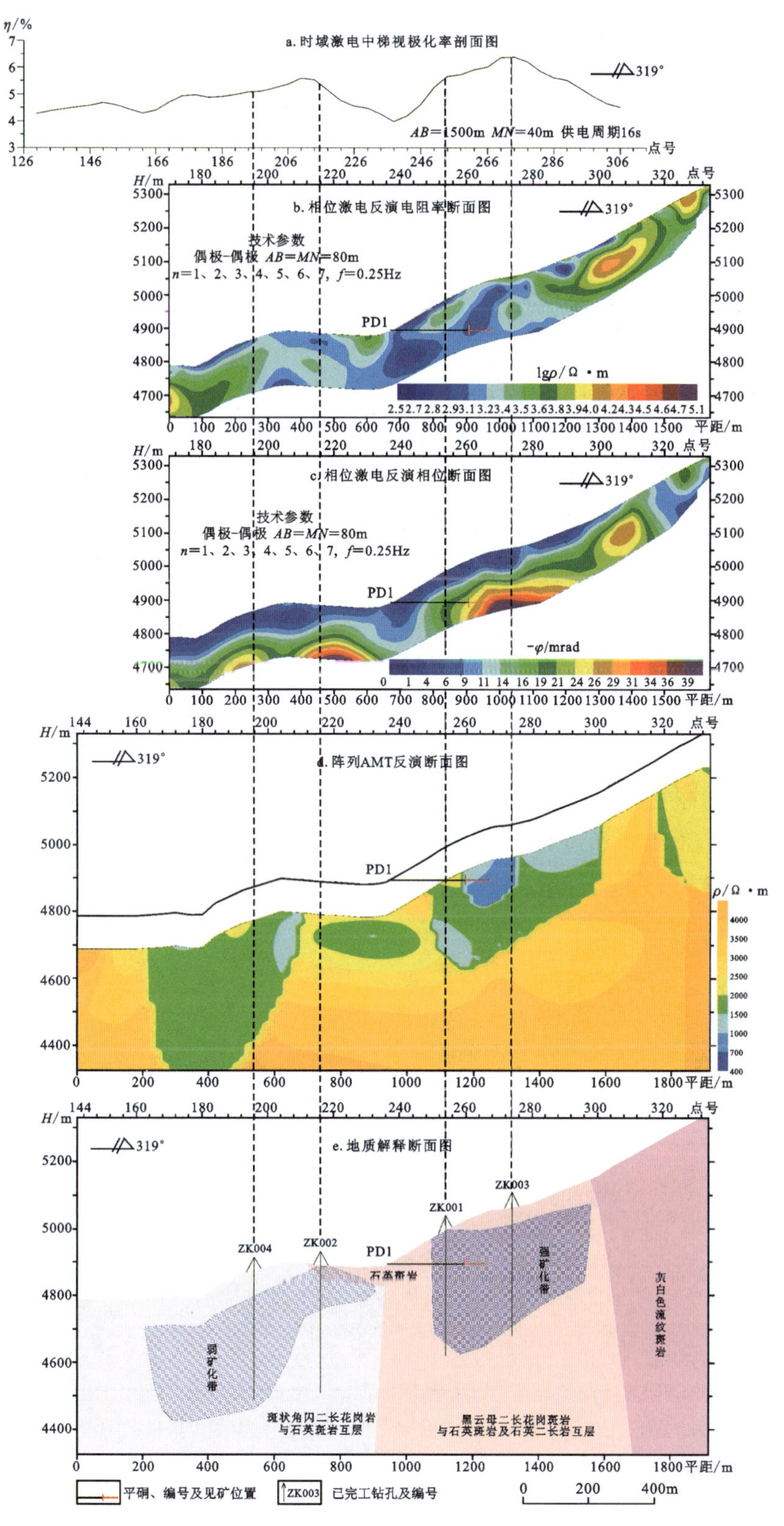

图 6－12 西藏某斑岩铜矿区 0 号勘探线电法勘查成果与地质解释综合图

1.06%。第二层 111.92～236.75m 为含矿黑云母二长花岗斑岩，经取样分析最高 Cu 品位为 0.83%，平均品位为 0.55%。PD1 硐内所见含矿岩石为石英斑岩、花岗斑岩及斑状黑云母花岗岩，平硐控制矿体垂直高度约 200m，全硐矿化，Cu 平均品位约为 1.1%。在 0～200m 深所见为孔雀石等氧化矿石，Cu 平均品位为 0.92%，其中 128～190m 之间 Cu 品位较高，平均品位为 1.73%；200～240m 深为混合矿石；240m 之后所见为硫化矿石。

第二节　铅锌多金属矿区

该方法在铅锌多金属矿区 4 个选区的相位激电法试验工作均取得了较为明显的试验效果，并在云南保山某矿区发现了新的矿致异常，为该矿区的地质找矿工作提供了有意义的地球物理信息。总之，通过此类型矿区试验工作的开展，说明相位激电法对于寻找铅锌多金属矿是有效的。

一、福建建瓯某矿区

矿区矿体范围大，品位高，其铅锌矿石与其他岩性的电性差异明显，这就为相位激电法试验工作在该矿区获得好的试验效果奠定了良好的物性前提。

该矿区已开采多年，本次工作时矿山正在进行开采作业，矿区附近大地存在大量游散电流干扰。矿区干扰源主要为矿山风机用电、矿车升降用电及矿区住宅用电，用电电压为 220～380V，用电频率为 50Hz。通过对矿区采集的时间序列信号分析发现，50Hz 工频和高强度随机脉冲信号是该矿区的主要干扰类型，其形态规则且能量强，峰峰值最大可达 500mV 以上（图 6-13）。

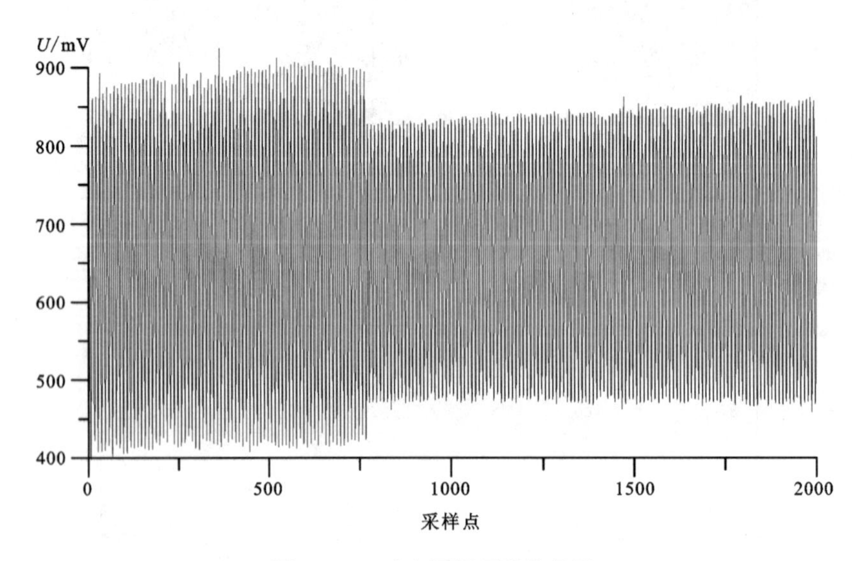

图 6-13　矿山周期干扰信号图

图 6-14 为矿区某一测点上两次相位测量得到的时域曲线(均为一个周期)。从曲线形态看,50Hz 工频干扰很强,并且观测时间不同其干扰强度也不同,如图 6-14 所示,观测到的信号幅值为 150mV,而干扰信号的幅值则达到了 200～500mV,远大于相位激电信号的幅值。经过相关检测运算,计算出两次观测的相位分别为 $-\varphi=26.237$mrad 和 $-\varphi=25.511$mrad,两次观测到的相位值相近,数据可靠。本测线上其他测点的干扰情况与此类似,使用相位激电法均取得了可靠的观测数据。

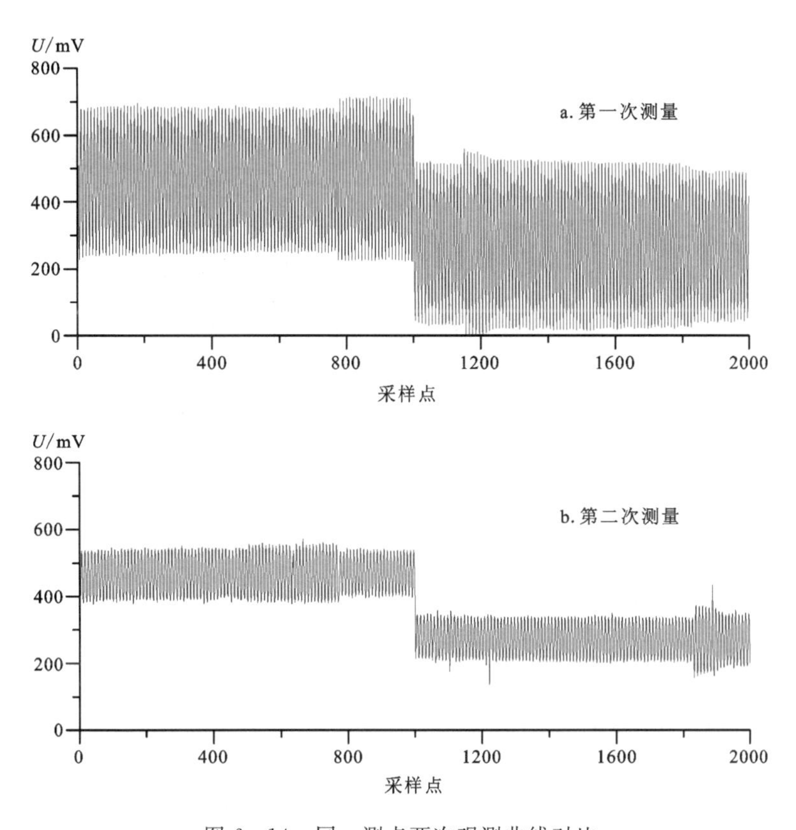

图 6-14 同一测点两次观测曲线对比

从试验过程了解到,在 8 号勘探线附近标高为 225m 以上的多金属矿已开采结束,成为采空区(图 6-15),正在开采标高 225m 以下的铅锌矿。

据地质及物性资料,铅锌矿石具低阻、高极化(或相位)的特点,铅锌矿化绿片岩及绿片岩具中—低相位,围岩云母片岩则具高阻低极化特点。故在标高 225m 以上对应矿体采空区位置,由于富含硫化物成分的铅锌矿石被采空,所以该位置未出现高相位异常;标高 225m 以下矿体延伸部位的高相位异常为铅锌矿体与铅锌矿化绿片岩共同作用的结果。

从试验结果可见,采用相关检测技术的相位激电法,具有抗干扰能力强的特点,能够在强干扰背景下提取微弱信号,适合在复杂地质环境下开展工作,以实现对激电异常体的有效探测(肖都等,2016)。

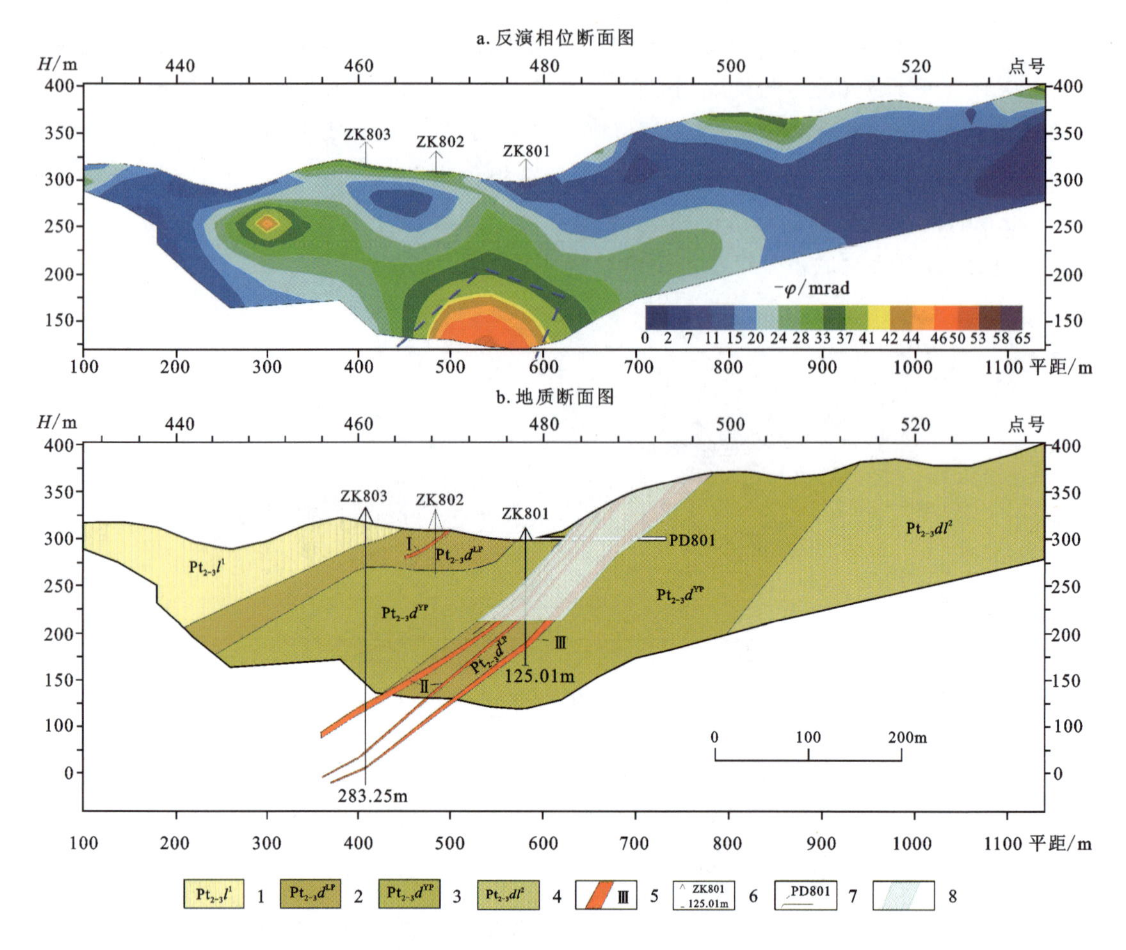

1. 中—新元古界龙北溪(岩)组下段;2. 中—新元古界东岩(岩)组绿片岩层;3. 中—新元古界东岩(岩)组云母片岩层;4. 中—新元古界大岭(岩)组上段;5. 铅锌矿体及编号;6. 钻孔位置、孔深及编号;7. 平硐及编号;8. 矿体采空区范围

图 6-15 矿区 8 号勘探线相位测量与地质断面综合图

二、云南保山某矿区

该矿区为一个夕卡岩型铅锌矿区,已知矿体主要位于"V"字形地形的西坡与沟底。通过对区内所采集的岩矿标本进行电性参数测定,得出本区的铅锌矿体与围岩存在明显的电性差异,从而为相位激电法的试验工作提供了良好的地球物理前提。

图 6-16 为矿区 0 号勘探线相位激电反演断面与地质剖面综合图。从图中的反演电阻率断面图可清楚地看出,以沟为界,沟西侧为高阻,沟东侧为低阻,在 206~234 号点存在一个明显的低阻异常段,对应该位置反演相位断面图中存在一个明显高相位异常区域。该异常后经 212 号点建议钻孔验证为碳质板岩引起。在反演相位断面图在沟底及西坡位置隐约可见弱相位异常存在。由于整条剖面数据同时反演,受 206~234 号点碳质板岩引起强相位异常的压制,使得反演相位断面图中沟西侧已知铅锌矿体位置的弱激电异常反应不明显,因此将剖面西侧的数据单独反演成图,可突出该部位异常体的反应。

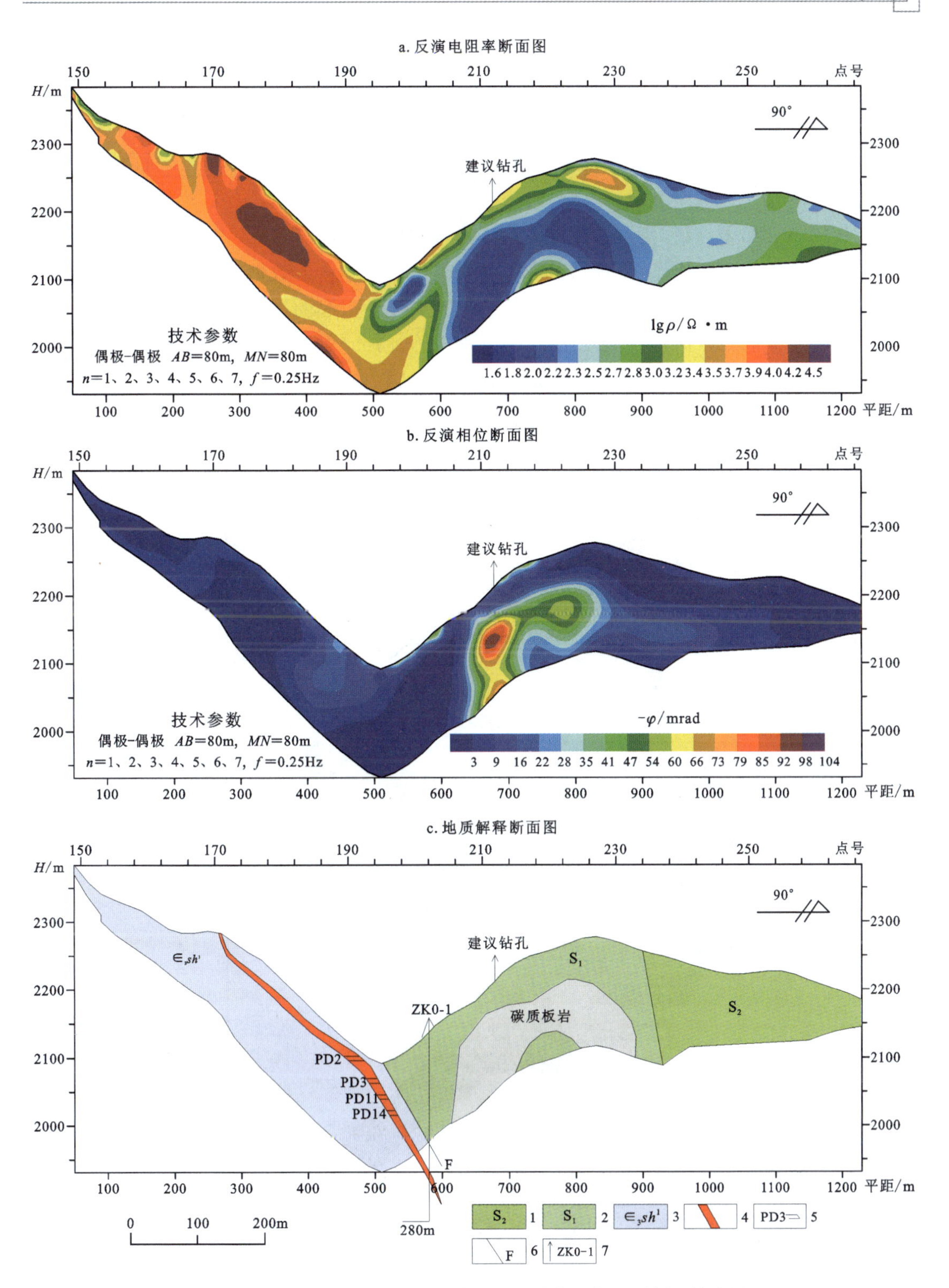

图 6-16 矿区 0 号勘探线相位激电反演断面与地质剖面综合图

1. 中志留统灰色泥质条带与网脉状灰岩；2. 下志留统板岩、砂岩；3. 上寒武统沙河厂组下段大理岩化灰岩、碎粒状灰岩；4. 铅锌矿体；5. 平硐及编号；6. 断裂；7. 钻孔及编号

图 6－17 为矿区 0 号勘探线西坡阵列相位激电反演断面图。图中的 170～195 号点反映为中低阻和高相位异常，反演电阻率值为 500～8000Ω·m，反演相位值为 5～30mrad，异常顺坡展布，向深处延伸不大，为表层浅部异常，坡顶 170 号点附近异常最弱最薄，自 170 号点顺坡向下异常幅度和范围有逐渐变强变厚的趋势，这与图 6－16 地质解释断面图中已探明铅锌矿体的规模及展布形态吻合较好。

工作区内地形条件较为复杂，开展电法工作难度较大，因此只在区内进行了 4 条剖面的多极距相位激电试验工作。在试验过程中，在对整条剖面测取的数据进行反演时，由于受东坡碳质板岩引起的强激电异常影响，使得西坡已知矿体所引起的激电异常受到压制，变得很不明显。为了使已知矿体异常得以显现，后来在资料处理时专门将西坡数据单独提取反演，从而获得了较为明显且与已知矿体有较好对应关系的高相位激电异常。

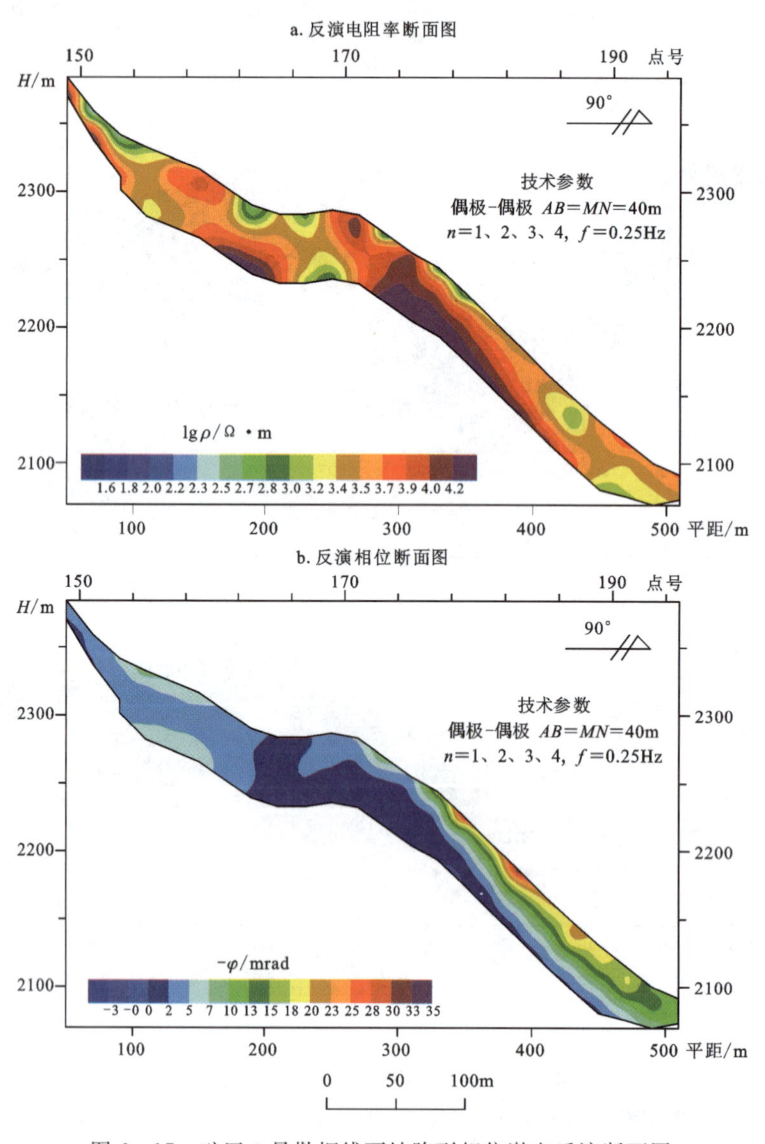

图 6－17　矿区 0 号勘探线西坡阵列相位激电反演断面图

第三节 关于相位激电资料认识之提高

利用相位激电法及岩(矿)石的频谱特性区分矿与非矿异常的研究工作在国内外已有多年的历史,并取得了大量的实验与研究成果。通过对前人研究成果的学习与借鉴,尤其是参考张赛珍、何继善两位老前辈分别撰写的《岩(矿)石频谱激电特征与结构构造和导电矿物成分》(张赛珍等,1994)、《双频激电法》(何继善,2005),结合几年来在不同矿区所获得的多频相位激电试验成果的总结与研究发现,在目前的技术条件之下,利用多频相位激电区分金属硫化物之间矿与非矿还存在一定的难度,但用此技术加以区分金属硫化物矿化与石墨化及碳质(含碳量相对较高)岩性体是可行的。

金属硫化物矿石与石墨或含碳量较高的碳质岩石虽同属于电子导体,但其极化性质和特点有所差异。一般石墨或含碳量较高的碳质岩石与硫化物矿石相比具有较大的时间常数,即:在激发条件相同时,在时间域,石墨或含碳量较高的碳质岩石充放电比金属硫化物要缓慢得多;在频率域(相位激电),石墨或含碳量较高的碳质岩石与金属硫化物相比相位负峰的极值最大,频率最低。所以在通常情况下,石墨或含碳量较高的碳质岩石其低频相位值要大于高频相位值,而金属硫化物矿石则具有高频相位值大于低频相位值的规律。

图 6-18 为何继善院士《双频激电法》中的一组实验结果(何继善,2005)。从该图可见,磁黄铁矿和石墨都可引起视幅频率 F_s 和相位异常,所以仅仅根据 F_s 和单频相位曲线不足以区分二者。然而,双频和多频相位测量却可以提供新的信息。在图 6-18a 中,在磁黄铁矿上方低频相位值(φ_L)小于高频相位值(φ_H);在图 6-18b 中,在石墨上方低频相位值大于高频相位值;图 6-18c 中,磁黄铁矿和石墨同时存在,二者上方仍保持高频相位和低频相位的相对关系。这就说明,同时观测双频相位或多频相位,可以提供区分金属硫化矿和碳质岩石的信息。

基于上述原理及图 6-18 的实验结果,在这里尝试性地给出几个利用高、低两个频率的反演相位结果,在工作区内判定石墨化及碳质岩体的存在及其与金属硫化物矿化区分的实例。

一、云南草山矿区

草山矿区东坡的强激电异常经钻探验证由碳质板岩引起。由于当时对于异常源性质的判断经验较为欠缺,致使野外现场未能根据多频相位激电资料对异常体的性质做出检验,而只是根据异常幅值的大小提出了钻孔验证的建议。

图 6-19 为草山矿区 0 号勘探线 4Hz 与 0.25Hz 反演相位结果对比图。由于该图利用的反演数据只是 4 个极距的观测结果,所以图中反映出的异常形态与前面给出的图 6-16(7 个极距数据,n=1、2、3、4、5、6、7)有所差异。图 6-19 中两个频率的反演相位结果使用的为同一色标,位于剖面 212 号点附近的明显高相位异常已由钻孔验证为碳质板岩所致。由图

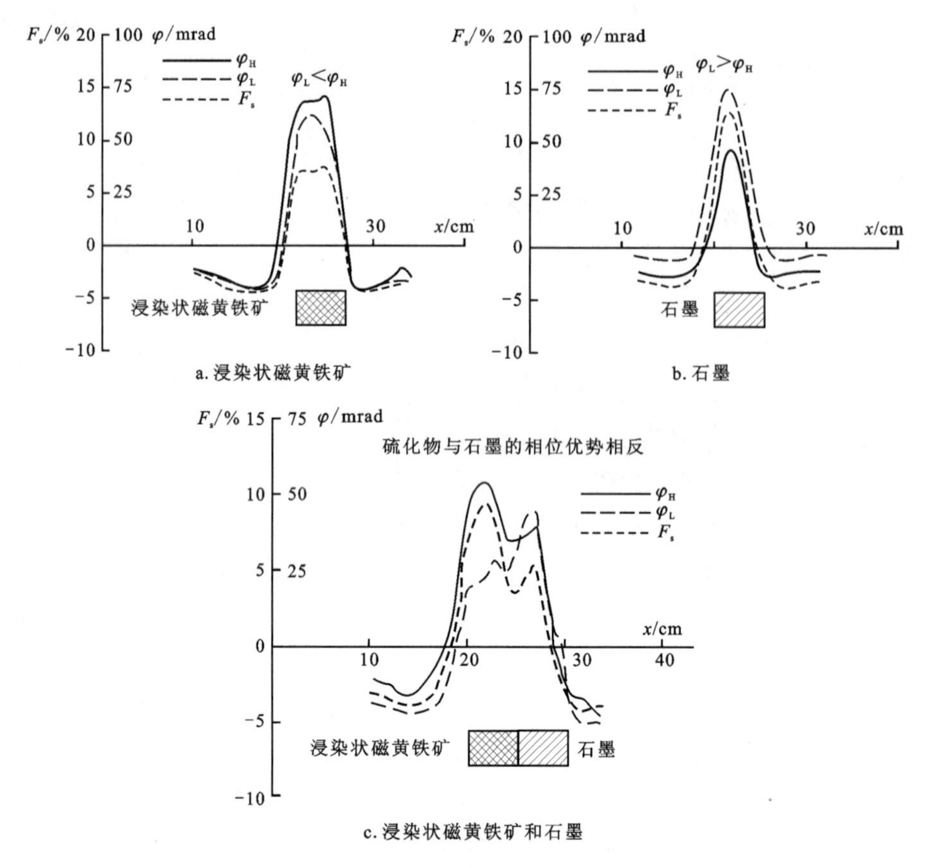

图 6-18 用双频相位测量区分异常源性质

中两个高低频率的反演结果可以看出，由碳质板岩引起的相位异常值在 4Hz 反演断面图中为 74～80mrad，而在 0.25Hz 反演断面图中为 85～92mrad。由此可见，低频反演结果的相位异常幅值明显大于高频反演结果，这与石墨化或碳质岩石的激电相位随频率的变化规律完全相符。石墨化及碳质岩体位置的相位原始观测数据结果，随频率由高到低没有反演结果那种明显增大的趋势，而反映出的是高频数据略大于低频数据，但数据的衰减速度较其他位置明显要慢。

二、福建某矿区

矿区 43 号勘探线 454 号点的低阻高相位异常由钻孔验证为碳质泥岩引起。图 6-20 为矿区 43 号勘探线 4Hz 与 0.25Hz 反演相位结果对比图。为了对比方便，图中高低两个频率的反演相位断面图使用同一色标。

由图 6-20 中 4Hz 与 0.25Hz 两个频率反演相位结果可以看出，主异常位置 0.25Hz 反演结果的相位值明显大于 4Hz 反演结果，从而进一步说明利用多频相位激电资料判定石墨化或碳质岩性体是可行的。

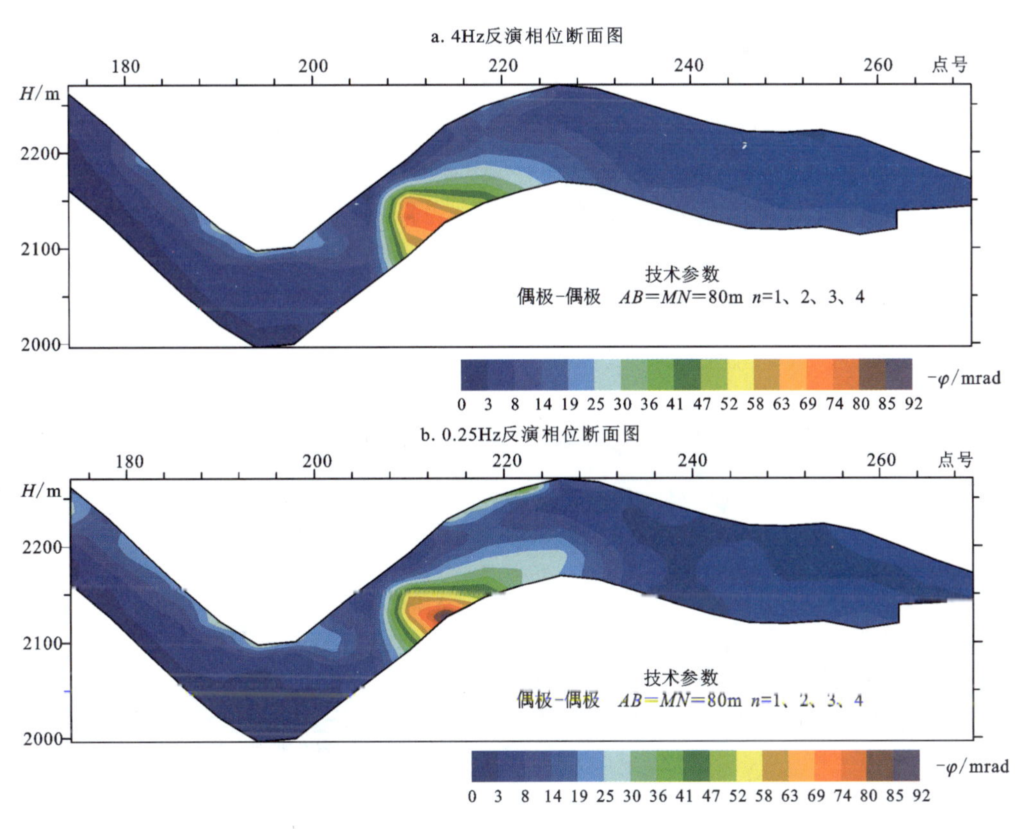

图 6-19 草山矿区 0 号勘探线 4Hz 与 0.25Hz 反演相位结果对比图

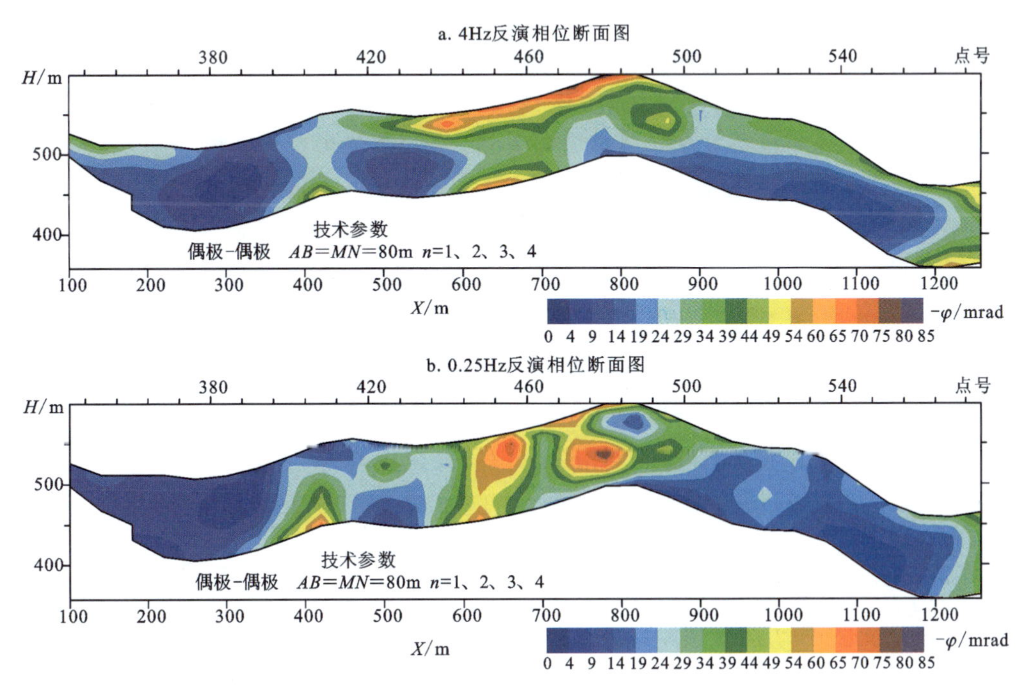

图 6-20 43 号勘探线 4Hz 与 0.25Hz 反演相位结果对比图

三、内蒙古某矿区

图 6-21 为内蒙古某矿区 20 号勘探线 4Hz 与 0.25Hz 反演相位结果对比图，图中 288 号点的圆形高相位异常，经地表查看为含石墨正长斑岩脉引起。由 4Hz 与 0.25Hz 两个高低频率的反演相位断面图可以看出，在圆形异常范围内，4Hz 反演相位异常最大幅值约为 40mrad，0.25Hz 反演结果的最大幅值超过 45mrad。由此可见，该异常与地表查看结果相符，由含石墨正长斑岩脉引起。

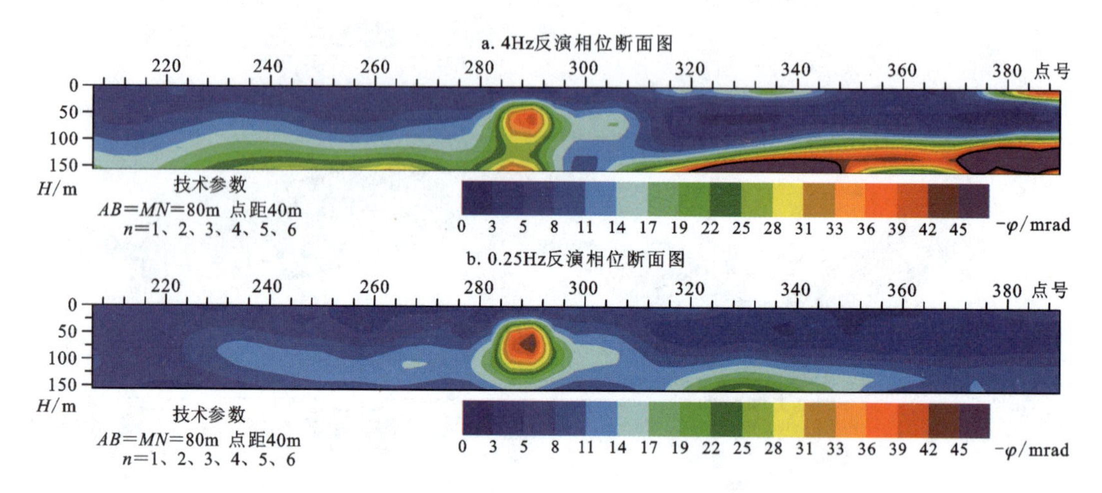

图 6-21　20 号勘探线 4Hz 与 0.25Hz 反演相位结果对比图

在图中 288 号点圆形异常底部及其两侧，4Hz 反演相位异常值明显高于 0.25Hz 反演结果，从而说明这些部位的相位异常应与金属硫化物有关。此例很好地说明了利用多频相位激电测量结果是可以区分石墨化或高含碳量岩性体与金属硫化物矿化。

基于上述认识，为了划分本矿区中由含石墨正长斑岩脉引起的异常(图 6-22 中的异常，编号为 IP5)，这里又对区内频率为 4Hz 的相位激电观测数据进行反演，并提取深度为 90m 和 150m 的反演数据，绘成等深度反演相位异常平面图。为方便对比，特将 4Hz 与 0.25Hz 等深度反演相位异常平面图放在一起，形成图 6-22 和图 6-23 的形式，以利于对 IP5 异常范围内的含石墨正长斑岩岩脉体进行划分。

图 6-22 为矿区地下 90m(－90m)相位激电 4Hz 与 0.25Hz 等深度反演相位异常平面对比图。从图中可以看出，测区北部用黑色虚线圈定范围内，高相位异常的形态大体相同，但 0.25Hz 反演结果的相位异常范围及强度明显大于 4Hz 的反演结果，由此推得该高相位异常为含石墨正长斑岩脉引起。

图 6-23 为矿区地下 150m(－150m)相位激电 4Hz 与 0.25Hz 等深度反演相位异常平面对比图。从图中可以发现，在整个工作区中 4Hz 反演结果的相位异常强度明显大于 0.25Hz 反演结果，从而说明区内在 150m 深度基本以金属硫化物矿化为主。

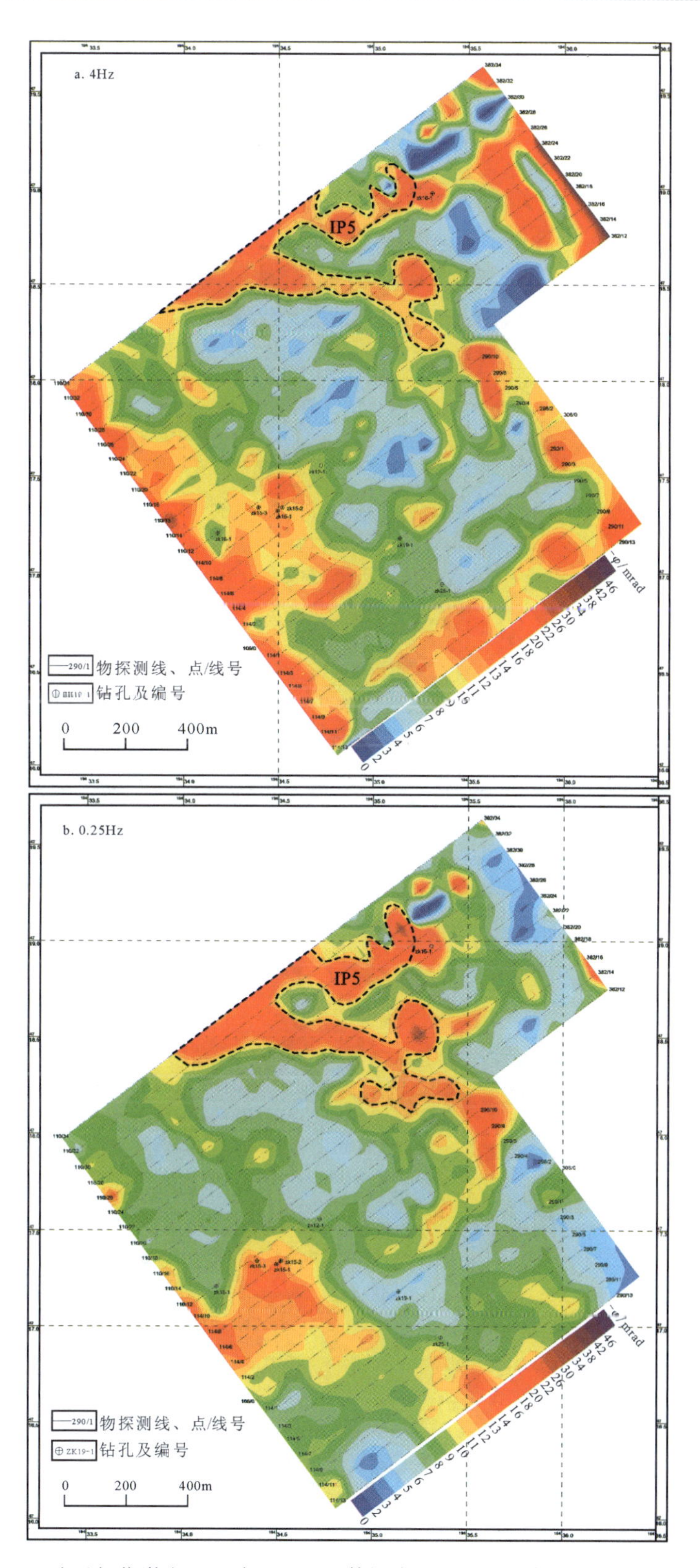

图 6-22 矿区相位激电 4Hz 与 0.25Hz 等深度(-90m)反演相位异常平面对比图

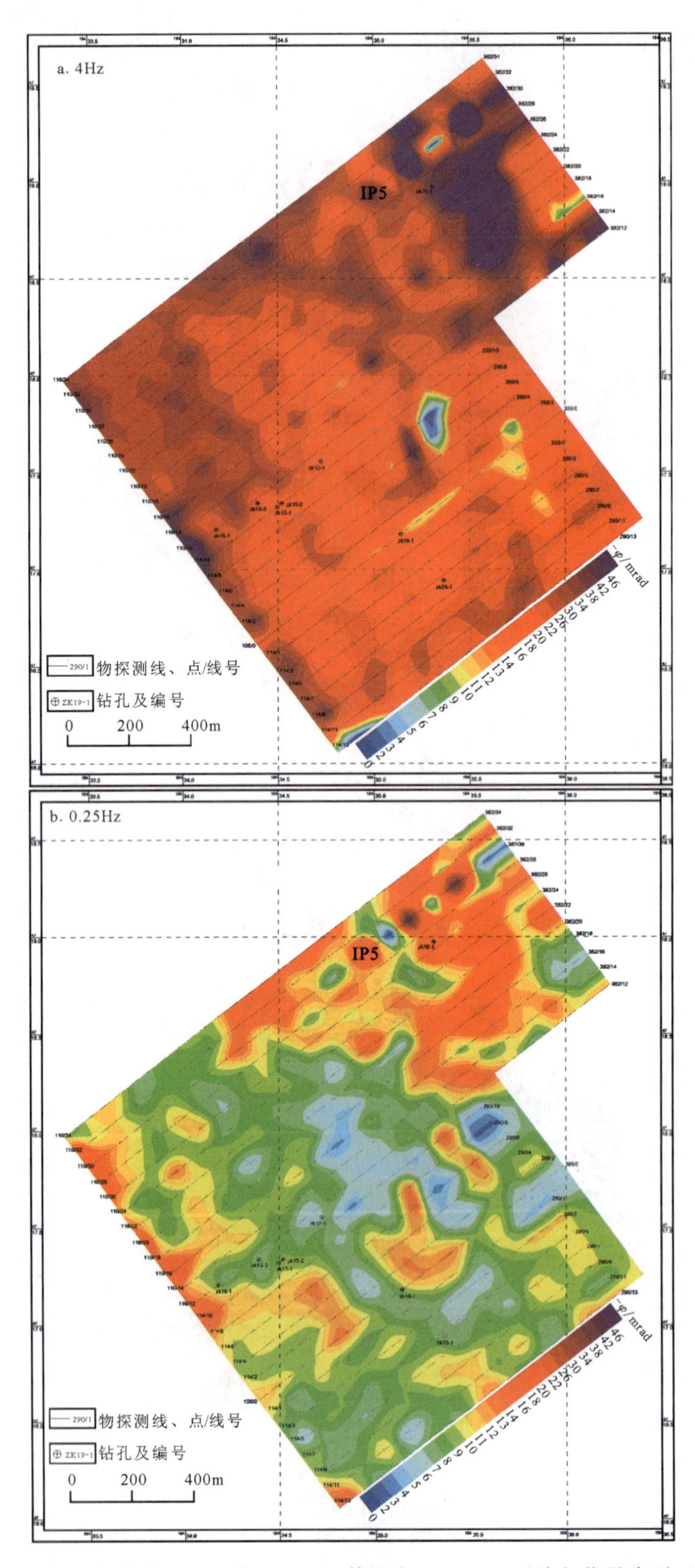

图 6-23 矿区相位激电 4Hz 与 0.25Hz 等深度(-150m)反演相位异常平面对比图

通过图 6 - 22 与图 6 - 23 两深度 4Hz 和 0.25Hz 相位激电等深度反演相位异常在平面上的对比结果可以发现，区内的含石墨正长斑岩脉相对埋深较浅，对圈定较深部位的金属硫化物矿化异常干扰较小。由此推得，图 6 - 23 中（—150m）圈定的高相位异常应以金属硫化物矿化为主。

第七章 结论与展望

第一节 结 论

相位激电法是一种在地质勘探中广泛应用的地球物理勘探技术，通过测量地下介质在电流激发下的电位响应，获取地下介质的电阻率和极化率等电性参数，主要用于探测地下矿体的赋存状态和空间分布特征。与直流激电法相比，相位激电法具有更高的灵敏度和稳定性，能够更准确地反映地下介质的电性特征。

目前，相位激电法在多个领域都取得了显著的应用效果。在金属矿产勘探中，相位激电法能够有效地识别出金属矿体的存在和规模，为矿产资源评价提供重要依据。在环境地质调查中，相位激电法可以用于地下水污染调查、土壤污染评估等方面，为环境保护和治理提供技术支持。此外，相位激电法还在工程地质勘察、考古调查等领域得到了广泛应用。相位激电法因其高效性在野外勘探中备受青睐，这种方法能够在短时间内对大面积区域进行快速测量，并有效识别出潜在的矿产资源或其他地质异常体，这使得勘探工作更加高效，有助于节约时间和成本。同时，相位激电法对于不同类型的地下介质都具有良好的适应性，无论是在岩石、土壤还是水体中，都能得到较为准确的结果。

虽然相位激电法具有诸多优点，但在实际应用中仍需注意一些问题。例如在数据处理和解释过程中，需要考虑多种因素的影响，如地形、地质结构、电磁干扰等。此外，相位激电法的测量结果有时会受到一些非地质因素的影响，如地下水水位、土壤湿度等，因此需要结合实际情况进行综合分析和判断。

综合而言，相位激电法具有灵敏度高、稳定性好、抗干扰能力强等优点，能够在复杂的地质条件下进行勘探。然而，相位激电法也存在一些不足之处，如设备成本较高、操作复杂、数据处理难度大等。此外，相位激电法的解释结果受多种因素影响，如地形、地层结构、地下水等，因此需要结合其他勘探方法进行综合解释。

第二节 建议和展望

随着科技的不断发展，相位激电法将在技术创新方面取得新的突破。例如通过引入新的测量技术和数据处理方法，提高相位激电法的测量精度和数据处理效率；通过优化设备设计和制造工艺，降低设备成本和提高设备稳定性。相位激电法将在更多领域得到应用拓展。例如在新能源领域，相位激电法可以用于地热资源勘探、页岩气勘探等方面；在环境保护领域，相位激电法可以用于土壤重金属污染调查、地下水污染溯源等方面。此外，相位激电法还将在地质灾害预警、城市地下空间探测等领域发挥重要作用。

相位激电法将与其他勘探方法进行综合应用。由于地下介质具有复杂的电性特征，单一的勘探方法往往难以全面反映地下介质的实际情况。因此，将相位激电法与其他勘探方法（如地震勘探、电磁法勘探等）进行综合应用，可以获取更全面、更准确的地下介质信息，提高勘探效率和精度。相位激电法与其他地球物理勘探方法的结合应用也将成为未来的发展趋势。这将有助于推动地球物理勘探技术的发展和应用，为人类社会的可持续发展做出更大的贡献。

随着人工智能、大数据等技术的不断发展，相位激电法的数据分析和解释能力将得到极大提升。通过对大量数据的智能分析和处理，可以更加准确地识别出地下介质的电性特征和异常体分布规律，为矿产资源勘探和地质环境调查提供更加可靠的技术支持。

总之，相位激电法作为一种重要的地球物理勘探技术，在地质勘探中发挥着越来越重要的作用。随着科技的进步和勘探需求的不断提高，相位激电法在未来将迎来更多的发展机遇。一方面，随着仪器设备的不断升级和改进，相位激电法的测量精度和稳定性将得到进一步提升；另一方面，新数据处理方法和解释技术的引入，也将使相位激电法的应用更加广泛和深入。

参考文献

柯马罗夫 B A,1983.激发极化法电法勘探[M].北京:地质出版社.

傅良魁,1979.磁激发极化法探矿理论的几个问题[J].地球物理学报,22(2):56-168.

傅良魁,1984.磁电勘探法原理[M].北京:地质出版社.

傅良魁,1991.应用地球物理教程[M].北京:地质出版社.

郭鹏,2010.相位激电电磁耦合两频校正技术[J].物探与化探,34(4):489-492.

郭鹏,林品荣,石福升,2010.相位激电电磁耦合两频校正技术[J].物探与化探,34(4):489-492.

郭鹏,肖都,石福升,等,2014.相位激电和时域激电对激电效应响应关系研究[J].物探化探计算技术,36(6):679-683.

何继善,2005.双频激电法[M].北京:高等教育出版社.

何继善,熊彬,鲍力知,等,2008.激发极化观测中电磁耦合的时间特性[J].地球物理学报,51(3):886-893.

刘崧,1998.谱激电法[M].武汉:中国地质大学出版社.

罗延钟,1980.利用多频测量作“变频法”电磁耦合校正[J].地质与勘探(10):43-52.

罗延钟,张桂青,1988.频率域激电法原理[M].北京:地质出版社.

石福升,1997.GPS全球定位系统在地学仪器中时间同步技术研究[J].石油仪器,11(4):19-22.

石福升,2004.高精度数字稳流技术研究[J].物探与化探,28(4):358-360.

石福升,林品荣,2003.多频供电波形与合成技术研究[J].地质与勘探,39(S):142-146.

石加玉,郭鹏,李勇,2021.频谱激电测量仪器关键技术研究及实现[J].物探与化探,45(6):1475-1481.

王书民,雷达,2002.相位激电法(偶极-偶极)单频电磁耦合校正方法[J].物探与化探,26(1):57-59.

肖都,郭鹏,林品荣,等,2016.相位激电法在强干扰区的应用试验[J].物探化探计算技术,38(5):593-597.

战克,朱宝汉,1981.均匀大地上频率域中梯装置的电磁耦合[J].物探与化探,5(1):11-16.

张赛珍,周季平,李英贤,等. 1994. 岩(矿)石频谱激电特征与结构构造和导电矿物成分[M]. 北京:中国科学技术出版社.

CARLSON N R, HUGHES L J, ZONGE K, 1983. Hydrocarbon exploration using induced polarization apparent resistivity, and electromagnetic scattering[J]. Geophysical Prospecting for Petrole, 47(4): 451 - 451.

SUNDE E D, 1968. Earth conduction effects in transmission system[M]. New York: Dover.

WAIT J R, 1959. The variable-frequency method[M]//WAIT J R. Overvoltage Research and Geophysical Applications. London: Pergamen Press: 29 - 49.